红腿病

病虾眼球溃烂脱落，仅留眼柄

烂眼病

烂眼病及断须病

黑鳃病

黄鳃病

烂鳃病

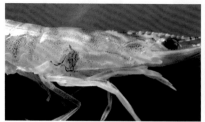

● 甲壳溃烂 ●

● 异常蜕壳病 ●

● 肌肉白浊病 ●

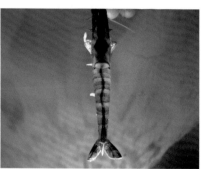

● 肠道弯曲 ●

● 白斑病 ●

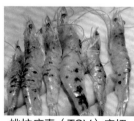

● 桃拉病毒（TSV）病虾 ●

● 聚缩虫病 ●

◎ 原生态养殖模式 ◎

◎ 半精养模式 ◎

◎ 混养模式 ◎

◎ 精养模式——分段高位池养殖 ◎

● 精养模式——铺地膜池塘养殖 ●

● 精养池池底（铺砂）●

● 膜底化养殖池塘 ●

● 精养池使用的增氧机 ●

● 良好水色 ●

● 南美白对虾 ●

高效益健康养虾系列

南美白对虾
健康养殖技术

第二版

宋盛宪　李色东　陈 丹　等编著

化学工业出版社

·北京·

本书系统介绍了南美白对虾的生物学特性和生态习性、人工繁殖技术、养殖技术、病害防治等内容，并对对虾养殖过程中的饲料营养和药物使用进行了详细讲解，立足生产，强调健康养殖。

本书以推广健康养殖技术、指导生产为出发点，能够指导广大渔村青年和养殖专业户进行生产。

图书在版编目（CIP）数据

南美白对虾健康养殖技术/宋盛宪，李色东，陈丹等编著.
2版. —北京：化学工业出版社，2013.10（2025.5重印）
ISBN 978-7-122-18489-4

Ⅰ.①南… Ⅱ.①宋…②李…③陈… Ⅲ.①对虾科-虾类
养殖 Ⅳ.①S968.22

中国版本图书馆 CIP 数据核字（2013）第 223758 号

责任编辑：刘亚军　　　　　　　　装帧设计：关　飞
责任校对：边　涛　　　　　　　　封面图片提供：梁沛文

出版发行：化学工业出版社（北京市东城区青年湖南街 13 号　邮政编码 100011）
印　　装：北京云浩印刷有限责任公司
850mm×1168mm　1/32　印张 5¾　彩插 2　字数 159 千字
2025 年 5 月北京第 2 版第 13 次印刷

购书咨询：010-64518888
售后服务：010-64518899
网　　址：http://www.cip.com.cn
凡购买本书，如有缺损质量问题，本社销售中心负责调换。

定　　价：**20.00 元**　　　　　　　版权所有　违者必究

本书编写人员名单

宋盛宪　（中国水产科学院南海水产研究所）
李色东　（湛江市海洋与渔业研究发展中心）
陈　丹　（广东恒兴集团）
翁　雄　（中国水产科学院南海水产研究所）
文国樑　（中国水产科学院南海水产研究所）

序

对虾养殖业已成为我国渔业经济重要的支柱产业之一。对虾养殖具有产量高、周期短、见效快和经济效益显著的优点，是沿海地区脱贫致富的好门路。但是在 20 世纪 80 年代后期全球性虾病大暴发流行，使对虾养殖遭到毁灭性打击，为攻克这一难关，1992 年广东省动物学会决定由秘书长宋盛宪研究员带领由中山大学、暨南大学、中国科学院南海海洋研究所等单位组成的专家，深入生产第一线，对沿海近百个养虾场进行现场观察和室内研究相结合，取得了突破性的成果。在发现了新问题后，并采取措施，在广东湛江创建高位池铺地膜防病养殖，以及净化海水防病养殖系统等模式，推广新品种养殖技术，在生产中不断总结和创新，为养殖户举办对虾病害防治与健康养殖新技术，取得显著的成果。2000 年我国养殖对虾的产量达到 21.8 万吨，恢复到对虾病害暴发前的最高产量。

特别是从 21 世纪，我国对虾养殖业已进入新发展重要阶段，2001 年引进的凡纳滨对虾（*Litopenaeus vannamei*，俗称南美白对虾）性状优良，具有生长快、肉质佳、对环境适应能力强等优点，在我国繁育成功后，成为当前我国从南到北养殖的绝对优势种。为此，宋盛宪研究员于 2001 年为我国编著的第一本《南美白对虾健康养殖》一书，在海洋出版社出版，先后印刷三次共三万多册，全部销售一空，不少养殖业者纷纷来信，要求再版，为了满足广大养殖户的需要，他编著的第二本《南美白对虾无公害养殖》一书由中国农业出版社于 2004 年 8 月出版，第一次印刷八千册也全部销售一空。我国对虾养殖产量呈现逐年增长的走势，2001 年为 38.4 万吨，2003 年为 78.93 万吨，之后每年的产量都以翻一番的速度增长，至 2009 年达 130.3 万吨，2012 年我国对虾养殖产量为 169.7 万吨。显然，我国是世界上对虾产量最大、消费量最多的国家，成为当今世界养殖对虾第一大国。

宋盛宪研究员从 80 年代开始就致力于我国对虾增养殖的生产

与科研工作，近20多年来他与我国对虾产业首席科学家中山大学海洋学院院长何建国教授一起跑遍海南、广东、广西、福建、江浙以及河北、塘沽、山东等地的对虾养殖场达几千个，饲料厂几十家，进行现场观摩，为各沿海虾农举办科学养虾培训班达万人次以上，并先后与中国科学院南海海洋研究所胡超群研究员、中山大学吕军仪教授，广东海洋大学吴琴瑟教授、邱德全教授等，深入生产第一线，为虾农和养殖业者讲解对虾健康养殖技术和科学养虾知识；他经常与南海水产研究所陈毕生研究员合作，在各省市举办大型的技术培训。宋盛宪研究员能刻苦钻研、心胸坦诚、乐于助人、平易近人、实事求是，他很谦虚，对名利很淡薄，他编写的书，把自己排在后面。他能虚心向虾农朋友学习，虾农遇到问题，只要拨通他的电话请教，他会毫无保留地告诉你，有的虾农写信给他，他也一一回信，深受广大虾农的爱戴。他在我国著名海洋生物学家、甲壳动物学家、中国科学院院士刘瑞玉先生的鼓励和支持下，20多年来走遍大江南北，于1992年在我国编著第一本《斑节对虾养殖》一书，并先后编著了《日本对虾健康养殖》、《南美白对虾健康养殖》、《南美白对虾无公害养殖》、《对虾健康养殖问答》、《刀额新对虾健康养殖技术》、《罗氏沼虾健康养殖技术》、《青虾健康养殖技术》、《海马养殖技术》等著作，由于他编著的书十分畅销，许多出版社都向他约稿。他的著作对指导水产健康养殖有着积极的作用，在我国海水养殖享有较高声誉，由于他的突出贡献，1993年批准为享受国务院特殊津贴专家和广东省特殊津贴专家。他已逾古稀之年，仍常年在生产第一线为渔民培训健康养殖技术，仍然笔耕不止，现被广东省科学技术协会聘任为广东省农村科技专家服务团专家。

本书的这次再版，由宋盛宪研究员牵头组织，对书的内容做了全面调整和修改，补充新的科研成果，特别是在对虾的良种选育、培育不携带特定病源的虾苗、养殖模式的创新、虾病的防治、饲料营养以及微生物制剂科学应用等各领域的改革和技术创新，在推广无公害健康养殖的科学管理等进行了较全面系统的论述。本书以实用新技术指导生产为出发点，内容通俗易懂，科学性和实用性相结合，既能用于指导虾农的生产，也可供从事水产工作者和科研人员阅读参考，还可作为水产技术推广站和职能培训的资料或海洋水产院校师生学习参考用书。

对虾养殖有许多的学问，有待人们在生产中不断探索，养殖技术也在不断改革创新。希望本书的再版，能对生产实践有指导与帮助作用，对推动我国养殖南美白对虾健康持续发展做出新贡献。

中国工程院院士 林浩然

2013 年 5 月 28 日

第二版前言

21 世纪是世界养虾业竞争与发展的世纪，我国对虾养殖业已进入一个新的发展阶段，特别是 2001 年后我国引进凡纳滨对虾，由于其性状优良、生长快、对环境适应能力强等优点，在华南沿海地区迅速发展，当时南海水产研究所宋盛宪研究员在我国编著的第一本《南美白对虾健康养殖》于 2001 年 4 月在海洋出版社出版，进行三次印刷达三万多册，不到一个月全部销售一空，促进了我国养殖南美白对虾的高潮，使我国对虾养殖取得了巨大进步，在对虾养殖的科技研究领域取得了大量成果、科学的发展与创新，为产业的发展做出了重大贡献。我国对虾养殖产量呈现逐年增长的走势，南美白对虾成为占绝对优势的养殖对虾种类，其产量占养殖对虾的80％以上，我国 2012 年养殖对虾产量为 169.7 万吨，使我国对虾产量居世界第一，成为当今世界养虾的第一大国。

我们 2008 年编著的《南美白对虾健康养殖技术》一书，出版后已全部销售一空，得到广大读者的好评，对指导养殖南美白对虾生产有巨大的实用价值，收到许多来自全国各地包括台湾地区以及美籍华人等养殖业者的赞扬信，也有读者写信给我们渴望修订再版。为满足广大读者的迫切需求，我们在化学工业出版社的鼎力支持下，对原书进行了全面调整和修改，补充了许多新资料，资料由科研单位和企业单位在生产第一线长期研究对虾养殖的系列工程和研究开发无公害的饲料营养专家和国家（863）项目海水养殖种子工程南方基地的专家提供。参加编写的专家有中国水产科学院南海水产研究所宋盛宪研究员、翁雄副研究员、文国樑副研究员，还有广东恒兴集团陈丹和湛江市海洋与渔业研究发展中心李色东高级工程师。

本书系统地论述南美白对虾养殖技术，以无公害健康养殖为立足点，特别是增加了对虾的良种选育、培育不携带特定病源的健康虾苗、养殖模式、对虾病害防治、饲料营养等领域创新技术的科研成果和无公害健康养殖与药物管理等新内容，使科学性与实用性密切结合，既可用于指导沿海农村青年和养殖专业户生产，也可作为海洋水产院校师生和水产工作人员的技术培训教材。

我们要特别感谢中山大学生命科学学院博士生导师、水生经济动物研究所所长、中国工程院院士林浩然先生，在繁忙的工作之余为本书作序，给了我们极大的鼓舞和支持。

本书在再版过程中得到许多同志的热情帮助和支持，在此表示深切的感谢！由于编者水平有限，书中难免存在不足之处，敬请各养殖业者和同行专家不吝赐教。

编著者

2013 年 5 月

前　言

对虾养殖业是我国海水养殖业的支柱性产业。21 世纪是世界养虾业竞争与发展的世纪，我国对虾养殖进入了一个新的发展阶段。当前，我国养殖的主要对虾种类有凡纳滨对虾（下文称南美白对虾）、斑节对虾、中国明对虾、日本囊对虾、长毛明对虾、墨吉明对虾以及细角滨对虾（又称蓝对虾），刀额新对虾等也有少量养殖。华南沿海地区以养殖南美白对虾和斑节对虾为主，也有养殖日本对虾和新对虾等；北方地区以养殖中国明对虾、日本囊对虾和南美白对虾为主，也有养殖斑节对虾、蓝对虾和新对虾等。

南美白对虾是在 1988 年由中国科学院海洋研究所从夏威夷引进到青岛，由于当时南美白对虾人工繁殖未能达到批量生产，养殖产业未能大规模发展起来。1999 年，中国科学院南海海洋研究所进行全人工繁殖并获得成功，开始商业性大量培育虾苗。2000 年后，南美白对虾亲虾开始批量生产，种苗大量低价供应，养殖面积猛增。2001 年至今，我国养殖南美白对虾的面积以及产量已占主导地位，全国沿海省市均有养殖，并逐渐发展到内地。

我国对虾养殖业发展迅速，尤其是南美白对虾的引进及推广取得了巨大成功。华南地区每年可养 2～3 造，北方只能养 1 造。随着养殖模式的创新和多样化，以往传统式的粗养、半精养、精养模式已得到逐步改造并发生了根本变化，如中山大学何建国教授带领博士团队创造了新型的无公害生态健康养殖模式和小面积精细养殖多品种无公害养殖模式，并开始推广应用。

近年来，中山大学生科院在广东珠海和惠东的生产实践证明：新型的养殖模式可增强对虾营养，提高对虾免疫和抗病力，有效控制病原密度、减少环境胁迫等可预防病毒病的发生，取得了显著的经济效益、社会效益和生态效益。我国现在对虾养殖的主要模式可归纳为八种，特别在广东、海南、广西等沿海地区发展以小面积池塘无公害精养模式的成功，在传统养殖方式的基础上进行创新和突破。建立新的养殖模式，采用新的技术手段改造产业的技术结构，采取无公害健康养殖与 HACCP 管理体系，完善配套技术和养殖规范，具有防病成功率高、经济效益好的特点。

我国对虾养殖已进入新的发展阶段，尤其是加入 WTO 后面临着养殖安全与食品安全的严峻挑战，必须与国际接轨。近年来，我国对虾养殖业已达相当规模，在对虾良种选育、健康苗种培育、养殖技术、病害防治控制等系列研究基础上，取得了养殖管理规范化等研究成果，部分成果已经应用于对虾养殖生产，展现出很好的应用前景。

群众性的养虾热潮方兴未艾。为满足广大养殖业者的迫切要求，引导养殖业者明确建立健康养殖技术规范，为人们提供安全的水产品，我们决定重新编写此书。

针对当前对虾养殖中存在的不符合健康养殖规范、严重威胁对虾养殖持续发展的问题，本书总结了近年来南美白对虾养殖成败的经验与教训，结合科研成果，归纳不同养殖模式的特点，提出了如何建立一套完整的南美白对虾健康养殖系统的技术，其目的是帮助养殖业者、专业户掌握南美白对虾健康养殖的新技术，力求做到内容通俗易懂、实用、深入浅出。本书以无公害健康养殖技术为立足点，使科学性与实用性相结合，既能用于沿海转产、转业的学员和养殖专业户培训学习，也可以作为水产院校有关师生和水产工作人员的技术培训教材。

在编写过程中承蒙各有关高校和科研单位的专家学者为我们提供许多科研成果和资料，以及广大养殖业者提供第一手资料。对他们无私的帮助，我们表示衷心的感谢！

书中不足和错误之处，请读者给予批评指正。

编著者
2009 年 1 月

目　　录

第一章 南美白对虾养殖概况

凡纳滨对虾［Penaeus（Litopenaeus）vannamei］也称万氏对虾、白虾、白脚对虾，我国译名统称为凡纳滨对虾，俗称南美白对虾。南美白对虾在分类上隶属于节肢动物门（Arthropoda）、甲壳纲（Crustacea）、十足目（Decapoda）、游泳亚目（Natantia）、对虾科（Penaeidae）、滨对虾属（Litopenaeus）。该虾原种主要分布于墨西哥至秘鲁中部的太平洋沿岸热带水域（Wyban 和 Sweeny，1991；Rosenberry，2002）。长期以来，凡纳滨对虾是中美洲各国主要捕捞对象之一，特别在墨西哥南部，是近岸渔业的主要品种，也是当今世界养殖优良品种，成为世界养殖产量最高的三大对虾品种之一。

第一节 南美白对虾养殖发展状况

早在 20 世纪 70 年代初，厄瓜多尔就开始从自然海区捕获野生南美白对虾虾苗进行人工养殖并取得成功。由于南美白对虾具有环境适应能力强、耐盐范围广、生长快等诸多优点，美国科学家对南美白对虾的资源与生态进行了调查，1978～1985 年间对斑节对虾（Penaeus monodon）、日本囊对虾［P.（Marsupenaeus）japonicus］、凡纳滨对虾、细角滨对虾［P.（Litopenaeus）styliroscris］、墨吉对虾（P. mergulensis）五种具有经济生产价值的大型海虾进行对比研究，研究结果表明南美白对虾具有以下优点：①对环境的适应能力较强，耐高、低温比斑节对虾强；②生长速度快，是广盐性虾类，很适合咸淡水水域养殖，可逐步淡化养殖，最适合南方养殖；③繁殖时间长，周年均可进行繁殖育苗生产；④在高密度养殖条件下，养殖周期短，可多造养殖；⑤肉质佳，出肉率高，售价好；⑥虾苗的成活率要比斑节对虾高；⑦食性杂，对饲料蛋白质需求与其他对虾基本相同。

20世纪80年代初，厄瓜多尔、墨西哥、秘鲁、哥斯达黎加、巴拿马等国已开始流行养殖南美白对虾。同时，世界各地其他虾类养殖遭受了重大病害的袭击，在此情况下，1985年美国政府决定由夏威夷海洋研究所（OI）、海湾海岸研究室（Gulf Coast Research Laboratory）、亚利桑那大学（University of Arizona）主持对虾病害的研究、诊断及防治等工作。夏威夷海洋研究所主要负责亲虾的培育、遗传改良以及抗病性的研究；卫道海水产养殖中心（Waddell Mariculture Center）和德州农业试验所（Texas Agricultural Experiment Station）主要面向虾农，解决养殖技术的实际问题；塔夫大学（Tufts University）主要负责分子遗传基因标记；美国农业部（USDA）提供基金发展美国海虾养殖计划（U. S. Marine Shrimp Farming Program），以帮助美国养殖业者提高养殖技术，并认定白对虾为高密度养殖发展的品种。在计划执行期间，成功培育无特定病原（SPF）南美白对虾。1991年开始提供SPF亲虾和虾苗，养殖结果表明，SPF虾苗比普通虾苗的产量可增加30%以上。

由于SPF虾苗的推广，美洲各国的南美白对虾养殖产量逐步增加，在过去20~25年间，南美白对虾一直是北至美国、南至巴西的美洲各国的主要养殖品种。

第二节 无特定病原（SPF）虾种苗培育技术

一、无特定病原（SPF）的基本概念

SPF为Specific Pathogen Free的缩写，其意思是无特定病原的意思，这一概念来自畜牧业及实验动物学。通过病毒学、微生物学监控手段，对实验动物按微生物控制的净化程度来分类，实验动物可分为无菌动物、悉生动物、无特定病原动物和清洁动物四类。其中，无特定病原（SPF）动物是指体内无特定的病毒、微生物或寄生虫存在的动物。严格来说，SPF动物是由转移到屏障系统内

饲养的无菌或悉生动物所繁殖的后代。它所指的是动物与病原关系中的一种状态，而不是动物遗传上的一种基因型或表现型。因此，SPF是一种病原控制概念，而不是遗传学概念。它与动物的种、品种、变种或品系等遗传学概念有本质的差别。此外，要在实际中发挥SPF状态的优越性，需要长期进行连续性的家系保持，建立和保持某个动物家系或群体的SPF状态，必须将病原控制技术与遗传育种技术紧密结合起来，筛选其优势性状进行严格培育。

国际上，大多数畜牧品种、实验动物及一些农作物均建立了SPF，例如SPF种鸡、SPF海蛤等。既然是针对特定疾病，就表示它不能排除其他未经检验证实疾病存在的可能性。因此，正确的说法应该是明确指出哪些疾病项目，经过科学仪器方法检测，确定不带其病原的SPF生物。例如，当前无白斑综合征病毒（WSSV）及桃拉病毒（TSV）的SPF南美白对虾种虾或虾苗，对于其他如传染性皮下造血器官坏死症病毒（IHHNV）及对虾杆状病毒（BPV）等未经检验，所以无法确定是否带病原。通常检验项目是针对当前危害性最大的疾病。因此，对广大养殖业者来说，必须选择真正的SPF种虾进行培育，才能产出高品质健康的不带病毒的虾苗。

美国是最早开展SPF虾种苗培育研究的国家。SPF种虾的核心培育中心技术确立后，美国在此基础上进一步发展高健康虾系统（HHSS），该系统以严格的技术措施防止疾病的介入，以保持对虾健康养殖系统的运转。

二、无特定病原（SPF）虾种苗培育的技术要领

南美白对虾无特定病原（SPF）种苗培育的整个系统，实质上是一项现代化的对虾养殖驯化系列工程。因此，SPF虾种苗的培育是项高投入的工程，需要多方面完善的配套，主要在病原检测与控制、遗传培育以及整个健康养殖系列工程等方面，都有其关键性的技术规范与要求。

1. 病原的评价分级

对病原的评价分级是培育SPF虾种苗的基础，对于病毒、支原体、立克次氏体、纤毛虫、微孢子虫等，以对虾为特异性宿主，

营专一性寄生生活，存在垂直传播的能力，应作为第一类病原，必须严格排除。一旦某批对虾中存在有此类病原，该批对虾将不具备SPF虾的资格，应以销毁。

对于自然界中普遍存在的病原、条件致病病原，如在环境中存在的大多数弧菌等，将根据具体情况而定。一般将该类病原在环境中的数量控制在完全不能致病的最低限度。

2. 建立独立的母性家系

对每批挑选的对虾，建立独立的母性家系是SPF选育应采用的技术要领。这不论对于隔离病原、评价带病原状态，还是对于优良品系选育均是十分重要的。母性家系是SPF选育操作的最小单位，一旦在某一母性家系抽样发现有病原存在或劣质遗传性状，该家系将被销毁。

3. 病原检测方法

目前可用的病原检测和诊断技术，应采用在稳定性、灵敏度、专一性、易操作和可行性等各方面具有最好品质的技术作为标准技术，其他技术可作为辅助手段。对于不同病原，采用常规组织切片的苏木精-伊红染色、核酸探针杂交、单抗ELISA和PCR等检测技术。

4. 病原检测的样品采集

根据对虾不同生长期建立系统性的标准采样方法，对于SPF虾的病原检测是至关重要的，尤其对于一个群体来说，标准采样方法的样品应随机抽取，其数量需具有统计学意义。例如，对于有10万尾仔虾的群体，随意取出的60尾样品中查出3尾阳性，则该群体存在5%带毒率的结果具有95%的可信度。对于幼体来说，所采集到的样品不一定都能分析到，在这种情况下应采集更多的样品。

采用核酸探针、单抗ELISA和PCR技术等进行检测时，成虾及亲虾可采用非致死性的样品采集方法，如剪取附肢或抽血淋巴等。

5. 隔离病原，切断病原传播途径

除母性家系独立而起到病原隔离作用外，在SPF虾的整个生活史均应通过生产设施、技术手段和管理措施等，实现整套严格的隔离病原和切断传播途径的目的。

6. 建立足够的种质基因

从地理上相距较大的地区或不同越冬场来源的野生亲虾，收集各批对虾，不仅为在病原方面选择候选 SPF 群提供更多选择机会，也为提供足够大的基因池提供了基础。足够大的基因池为对虾的优良品质性状的遗传选育提供了尽可能多的来源，从而可避免在全人工条件下进行长期累代育种时可能发生的种质退化。

7. 测定遗传变异性

在检测 SPF 虾的病原状况的同时，必须对各母性家系的遗传变异性进行检测，可采用同工酶分析、限制性片段长度多态性（RFLP）技术和多态性 DNA 随机扩增（RAPD）技术。

根据美国对来自墨西哥的第一批 SPF 虾的 10 个母性家系的遗传分析显示，核基因组的 RAPD 技术和染色体 DNA 的 RFLP 技术均能用于评价一个群体内不同家系之间的遗传差异，而同工酶技术由于其对多态性变异的灵敏较低，用于 SPF 培育的遗传变异性测定时存在缺陷。通过 RAPD 技术对大量家系的比较，还可建立不同家系的特异性遗传标记，这对于遗传育种工作来说是非常有用的工具。

8. 控制对虾生活史

进行 SPF 虾种苗培育，必须在人工条件下控制对虾的整个生活史。夏威夷海洋研究所采用了一定规模的育苗、养殖、成熟系统，在 6～9 个月来完成 SPF 虾的生活史。这一系列工程由产卵孵化池（3.5 平方米）、暂养池（35 平方米）、养成池（400 平方米）组成。单一母性家系的每尾 SPF 产卵亲虾，平均生产 125700 个无节幼体（孵化率为 52.63%），每批虾苗 75～125 尾/升，育成 188000 尾仔虾（存活率为 56%），仔虾按 1000 尾/平方米放苗于暂养池，产出幼虾 3 万尾（存活率为 85%～90%），养成池按 75 尾/平方米放幼虾苗，经 13～14 周的养殖，收获平均大小为 20 克/尾的成虾 25000 尾（存活率为 75%～90%）。

9. 性别选择和控制

在进行对虾生活史完全控制的基础上，人工选择交配的雌、雄对虾，是良种选育工作的基础。选择要求雌、雄对虾在生长速度、健康状态、性成熟程度、生产能力和抗病能力等各方面特性的优势均居于群体的 25％以内。此项工作在长期累代保持对虾的 SPF 状态中是非常重要的。

10. 夏威夷海洋研究所有关 SPF 种虾苗培育的生产流程

夏威夷海洋研究所作为 SPF 南美白对虾选育的核心繁殖的大本营，除了继续不断地做保种、改良、育种等科研工作之外，还向夏威夷当地和美国大陆沿海各州的种虾养殖场提供大量的优质原种 SPF 虾苗，来培育成高度健康的 SPF 种虾（High Health Brood-stock）出售给商业性育苗场，由育苗场孵化、培育出高度健康 SPF 虾苗，再出售给商业性的养虾场进行养殖，养成的商品虾供上市销售。其整个生产流程可用下图表示：

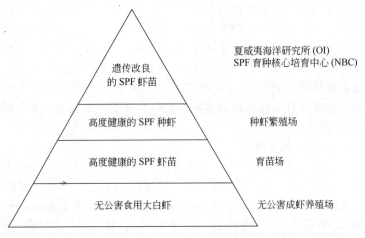

美国夏威夷海洋研究所（OI），在美国农业部的重金资助下，与多家权威机构分工协作，经过 10 年不懈的努力，运用基因优选、防疫控制等一系列高新技术手段，成功地培育出无特定病原的南美白对虾种群，给世界养虾业者带来了优良的养殖品种。

三、无特定病原（SPF）虾种苗培育的技术程序

美国 NBC 培育 SPF 南美白对虾种苗的整个技术程序是严格按计划进行的。从海区捕获的野生亲虾，在捕获后的 2～5 个月内，各母系独立进行产卵育种，并经初级检测观察以决定是否符

合第一类 SPF 虾的要求。对筛选合格的虾，再经 5～12 个月养成和第二级筛选，符合 SPF 虾要求者，将进入 NBC 成为第一类 SPF 虾。

对于 NBC 的第一类 SPF 虾，将再进行全面的病原检测，通过监测者将作为第二类 SPF 的亲虾。在接下去的育苗过程中，进行病原检测，以决定是否作为第三类 SPF 虾苗。以上检测不合格者将被销毁。

第三类 SPF 虾苗在检测后，将根据其检测结果的不同进行处理。对于合格的虾苗，将用于进一步的第四类 SPF 虾养成，从而形成一个完整的 SPF 虾的生活史。这一种苗培育循环的第四类 SPF 虾可在养成后投向市场，部分将被挑选再进入核心培育中心（NBC），进行第二代培养。在 SPF 虾的多代培育中，病原检测工作将始终不渝地按计划进行。

四、抗特定病原（SPR）虾种苗的研究

抗特定病原（SPR）虾是指对虾对特定病毒、病菌、微生物和寄生虫感染具有抵抗能力。SPR 虾的研究是针对在中南美洲养殖国家（如厄瓜多尔）1992～1994 年出现的南美白对虾桃拉病毒（TSV）病。桃拉病毒是一种小型的单股正链 RNA 病毒，因首次在 Guayaguil 湾的桃拉（Taura）河口被发现而得名。1992 年首次发现该病毒时，就发现它可引起南美白对虾高达 60％～90％ 的死亡率，是南美白对虾一种灾难性的传染病；该病毒水平传播能力强。1995 年，美国得克萨斯州的南美白对虾养殖业也同样遭受厄运，损失惨重。因此，抗特定病原（SPR）虾被提到研究的日程上来。法国已进行了抗特定病原（SPR）虾的研究尝试，并取得了一定的成果（Bedier，1996）。

SPR 的种虾主要是对桃拉病毒（TSV）具有某种程度的抵抗能力。据有关报道，SPR 虾苗性情较稳定，不易惊跳，放养前期成长不明显，在中后期（50～70 天）生长明显加快。与 SPF 比较，两种的差异在于养殖期间水环境突变恶化、虾体遭遇疾病感染时，SPR 的存活率明显高于 SPF。实际上，SPR 的研究在实现生产性的应用方面，可能还需要一段较长的时期。

第三节　南美白对虾在我国的养殖情况

一、南美白对虾的人工繁殖情况

20 世纪 90 年代以来，我国对虾养殖业受到病毒病的困扰，于是开始寻找新品种养殖。80 年代末，中国科学院海洋研究所从美国夏威夷海洋研究所引进南美白对虾，由于当时人工繁殖和育苗问题未能实现产业化，一直进展不大。后经多年探索，1992～1993 年，科研人员突破了南美白对虾人工繁殖的技术难点，成功孵化南美白对虾幼体，实现了南美白对虾全人工育苗技术；之后，河北省唐海县八里滩养殖场的"南美白对虾渤海湾全人工繁殖技术研究"的越冬孵化和养成技术于 1996 年 5 月通过了技术鉴定；广西北海市银海区水产发展总公司等的"南美洲白对虾引种繁养试验"、河北省柏各庄农场的"南美白对虾在河北省繁育"于 1995～1996 年先后通过了技术鉴定。

深圳市科技局于 1999 年 12 月向深圳市天俊实业股份公司下达了"无特定病毒（SPF）南美白对虾的研究开发"项目，并给予重点资助，该公司在 1999 年与美国三高海洋生物技术公司合作，引进夏威夷海洋研究所培育的 SPF 南美白对虾及繁育技术，成功培育出第一代 SPF 南美白对虾虾苗。第一步取得成功后，2000 年 3 月，该公司又引进 SPF 种虾 300 对，当年育出优质无特定病原（SPF）虾苗 3000 多万尾。2000 年 7 月，深圳市科技局主持并通过了专家鉴定。2000 年 12 月，茂名市海水养殖研究中心承担南美白对虾人工繁殖与养殖技术研究，被列为茂名市重点科技计划支持项目，并由茂名市科学技术委员会主持通过了成果鉴定。该项目共引进 1050 对夏威夷南美白对虾，入池 1000 对，该批亲虾平均体长约 16 厘米，平均体重约 42 克，雌、雄比例为 1∶1；实际利用 1560 尾南美白对虾亲虾，雌、雄比例为 1∶1.3，共产卵 20.4 亿粒，生产虾苗 12.2 亿尾，产值达 3904 万元，利润 1686.6 万元，经济效益显著。此外，茂名市海水养殖研究中心还开展了各种养殖模式的研究，初步掌握了南美白对虾食性、繁殖习性和生活习性，并探索虾苗繁殖、培育和成虾养殖高产高效的大面积推广应用技术，给养殖户养殖南美白对虾提供了有益的技术指导。

当前，全国南美白对虾繁殖场最集中的地区主要在湛江市东海岛以及遂溪、徐闻、廉江、吴川，茂名市的电白，阳江，深圳，珠海等沿海。据不完全统计，此类育苗场约有500多家，一部分为国有、集体企业，大多为民间个体企业。另外，在海南省的三亚、文昌、琼海、澹州等沿海，对虾育苗场也是星罗棋布。广西的北海、钦州、防城、东兴、合浦沿海以及福建闽南一带的育苗场也是如雨后春笋一样遍及沿海，可见内地养殖南美白对虾也是一浪高过一浪。

二、南美白对虾的养殖概况

我国内地养殖南美白对虾大多在20世纪90年代中期人工繁育成功之后，1995年江苏省大丰县、赣榆县，山东省文登、海阳、青岛等沿海地区试养成功。1998年广东深圳、汕头和湛江均养殖成功。1999年初在海南、广东、广西等地掀起养殖南美白对虾的高潮。内陆地区也都在探索淡化养殖试验。

2000年，山东海水养殖研究所在江西南昌市将军州良种场，将淡水加矿物盐调配后进行南美白对虾养殖生产、广西钦州市水产技术推广站进行淡化养殖南美白对虾取得成功。福建省龙海市东泗乡水产技术推广站以盐卤水灌入鱼塘，每亩池塘加入5吨的盐卤水，使盐度达到20～25，进行养殖获得成功。浙江省在杭州、嘉兴、湖州、绍兴、舟山、温州、台州7个市广为推广，且发展势头迅猛；2002年，江苏水产研究所利用循环水系统养殖南美白对虾，养殖10个池塘，共计14亩，养殖一批亩产平均1040千克，高产的亩产1450千克。2001年，广东雷州市科新水产养殖公司在1.76亩虾池进行铺塑料防渗漏土工膜池底进行循环水生态精养虾试验，即"零水交换系统"养殖，养殖93天，获得亩产对虾1592千克、每千克54尾虾的好收成；养成的商品虾经检测达到安全食品标准；2003年4月，科新水产养殖公司与佛山市塑料集团合作进行的"老化虾塘生态养殖对虾技术改造"项目，显示了当前无公害健康养殖的模式多样化，给我国对虾养殖持续发展带来希望。当前，海南、广东、广西的养虾面积逐渐扩大，尤以广东省的湛江地区和珠江三角洲发展最快，养殖南美白对虾的比例逐渐扩大。

南美白对虾属于广盐性的热带性虾类，适应环境能力强，各地都在积极推广养殖，并不断地在总结经验和教训。当前，集约式养殖已逐步为人们所认识，在华南地区建立了多元化的养殖模式，对整个养虾业起到重要作用。各地高产稳产高效典型事例如雨后春笋成批出现，举不胜举，显示了养殖技术的不断进步和创新。群众性养殖南美白对虾的热情是值得鼓励的，但是政府部门应进行统一规划，以防一些不适宜发展对虾养殖的海岸防风林带、红树林区和内陆淡水养殖池塘，短期内被大量开发用于南美白对虾养殖生产，对生态环境造成严重破坏。盲目地发展内陆低盐对虾养殖，对内陆生态环境的破坏将是十分严重的。

现把当前我国养殖南美白对虾比较集中的地区的养殖情况归纳如下，供大家参考。

1. 海南省南美白对虾的养殖发展情况

1998 年，三亚市林旺江海水产养殖公司和三亚金旺海产品有限公司进行高位池高密度养殖，该公司首次采用了中国科学院南海海洋研究所胡超群研究员发明的过滤海水防病养虾系统，首次实现我国南美白对虾养殖亩产平均超过 500 千克以上。接着，胡超群研究员在海南省万宁市进行两个试验点（合计 15 公顷）的南美白对虾集约化过滤海水防病养殖系统的试验示范，并与斑节对虾进行了对照，均取得显著的经济效益。在该防病养殖系统中，他们培育出我国首次达到批量化生产的南美白对虾亲虾 1 万多对，并于 2000年突破规模化全人工繁育和育苗难题，实现了我国自行培育南美白对虾亲虾和育虾的产业化。当年 12 月 20 日由中国科学院组织专家进行现场成果鉴定，中国科学院院士刘瑞玉研究员担任专家组组长，专家组对该成果做了充分肯定，认为海南省发展南美白对虾养殖具有得天独厚的自然资源条件；养殖生产表明该品种成活率高，且对环境适应能力强，海南一年四季均可养殖。

海南省对虾养殖业的发展虽然起步较晚，但发展的起点高、科技含量高、投入比较大，发展相当快，已逐步改变了过去的养虾模式。2000 年我国虾类总产量为 21.7×10^4 吨，海南养虾产量在全国占 10.7%，养虾的总体水平处于中上。这说明海南省养虾技术已逐步走向成熟，特别在高位池集约化精养方面积累了丰富的经验，为我国发展南美白对虾养殖做出重大贡献。全国各地许多专家和养殖业者来海南学习和参观。海南省能取得成功主要原因是重视科学养虾，并能及时推广"过滤海水防病养虾系统的养虾模式"的科研成果。每个养虾场都有专业技术员，负责健康养殖技术的应用。

海南省每年都聘请中国科学院南海海洋研究所、中国水产科学研究院南海水产研究所、中山大学生命科学学院和广东海洋大学的专家、教授深入虾场为养殖业者办培训班和技术讲座，特别是加入WTO 之后，在新的世纪如何进行健康养殖，加强科学管理，引进新的养殖技术和养虾模式，尤其是推广中国科学院南海海洋研究所创新的"过滤海水防病养虾系统"模式。加强水产技术推广站的工作，切实做好健康养殖的规模化，充分发挥海南省全年可以养殖南美白对虾的优势，使养虾业沿着健康持续方向发展，成为海南省的支柱型产业。

2. 广东省养殖南美白对虾的发展情况

广东省的养虾业在各级政府、科技界和产业的共同努力下，近年来取得了长足的进步，虽然病害问题时有发生，但整个对虾养殖业不仅得到恢复，而且呈现出快速发展的态势。广东省对虾养殖的产量连续几年居于全国第一，成为我国养殖对虾的大省，尤其是湛江市，成为我国养虾的大本营。广东省重视对虾健康养殖，相继出现多级精养模式、生态养殖模式、淡水添加模式、净化水（养殖水处理）养殖模式、循环水生态精养对虾模式等，这些多样化的养殖模式以及鱼虾混养、虾贝混养等，对广东对虾养殖业的恢复和发展起到了积极作用，对虾养殖业已成为广东省海水养殖业的重要支柱产业。尤其是湛江地区，把对虾养殖业作为重点来抓，加强领导，加大科技投入，狠抓育苗、病害防治、技术培训、办点示范等关键措施，被人们称为"对虾养殖的王国"。养殖的主要品种是斑节对虾和南美白对虾。广东省对虾养殖业的快速发展，近几年来带动了全国对虾养殖业的恢复。

中国水产科学研究院南海水产研究所宋盛宪、陈毕生研究员到广东沿海为虾农、渔农专门举办南美白对虾健康养殖技术培训班和网箱养殖的技术培训，他们先后在深圳、珠海、斗门、阳江、湛江、电白、阳西、中山、汕头等地为虾农、渔农讲课，从粤西、珠江三角洲到粤东，亲自到生产第一线讲课、咨询，为虾农解决实际问题，使得各种最新的养虾模式和技术迅速推广和普及。特别是针对南美白对虾养殖的病害防治，结合实际情况创造了许多为广大虾农接受的新的对虾养殖模式和病害防治。广东省已将发展南美白对虾养殖列入全面规划，按着健康养殖的技术规范发展。

3. 南美白对虾在我国台湾省的养殖情况

台湾省是我国最早引进 SPF 南美白对虾的地区，1985 年由台湾农委会引进，但当时正是台湾省养殖斑节对虾最兴旺的时期，南美白对虾并未引起重视，未能进一步推广养殖。1988 年开始，台湾省草虾（斑节对虾）病害大流行，致使台湾养虾业经济损失惨重。1995 年，台湾省再次引进南美白对虾，在台湾南部少量养殖，存活率 60%～70%，但 1996、1997 年的养殖存活率又降低到 20%～30%，直到 1998 年开始，由于气候状况稳定、台风少等因素，加上养殖技术的进步，存活率回升到 60%～80%，且南美白对虾普遍生长快速，易养，于是掀起养殖南美白对虾的热潮，放养成功率相当高，有记录的最高产量为 14～15 吨/公顷，为低迷已久的台湾养虾业带来了无限的希望。但自 1999 年初以来，南美白对虾的虾病问题四起，大规模养殖成功者屈指可数。接着，我国沿海各省也陆续引进南美白对虾虾苗，从海南、湛江等地的调查情况来看，不明来历的南美白对虾虾苗会出现虾病的陆续暴发，类似于台湾的疫情。据报道，从 1999 年 6 月的调查中发现，台湾省春季放养的南美白对虾虾苗暴发病情比率相当高，给当时刚刚复苏的南美白对虾养殖又蒙上了阴影，发病现象属于亚急性可复原型，经防治之后，许多都能回趋稳定。

据台湾省台南、台东、高雄、宜兰及屏东地区 16 个养殖场追踪记录显示，放养面积共 23.6 公顷，放养虾苗总量 110 万尾/公顷，放养密度为 35～62 尾/平方米，除高雄及屏东 3 个养殖场的 8 口虾池、5.2 公顷养殖面积分别放养 19.23 及 31 天因病毒病而弃养外，其余各养殖场均于 72～93 天收成，其中宜兰及台南 2 个养殖场合计 4 口虾塘、共 1.6 公顷放养池从未发病，平均产量为 7800 千克/公顷，其他 11 个养殖场、共 16.8 公顷的养殖面积放苗后 15～52 天内陆续发病，各场送检报告显示，病变原因主要为白斑综合征病毒病（WSSV）和桃拉病毒病（TSV），而各养殖场收成的最终产量经统一换算，其产量仅为 630～3520 千克/公顷。

综观南美白对虾在台湾省的整个发展历程，人们不禁会发出种种的疑问，为什么在那么短的时间内南美白对虾的养殖由盛而衰，问题出在哪里？主要原因是什么？许多专家认为，首要的问题是种虾引进带病毒的虾苗以及整个养殖系统操作不当。

首先是种虾问题。因为来自夏威夷海洋研究所的 SPF 种虾数量有限，而且价格昂贵，以幼体及 PL_6 的虾苗为例，一般在检测监控程序下，当时的价格稳定于每千尾 2 美元上下，而 PL_6 虾苗价格为每千尾 10～15 美元。养殖户在没有正确的南美白对虾养殖资讯下，无法认证白对虾的种虾优势特性，认为只要是南美白对虾苗就可以买，根本就没有去了解虾苗的来源，到底种虾来自何方，给那些虾苗中介者（台湾俗称为"贩仔"）有机可乘，他们以假乱真，打出货真价实的所谓夏威夷 SPF 南美白对虾虾苗的旗号，欺骗虾农。养殖户所购到的不是 SPF 虾苗，养成期间难免虾病暴发。我国沿海各地已掀起养殖南美白对虾的浪潮，台湾省的经验教训值得借鉴。

当然，无病毒的 SPF 虾苗并非就是养殖成功的保证，必须要有良好的养殖系统结合在一起才能成功。无病毒、病原并不代表不会再受到病毒的感染，1999 年细菌性的 NHP 亦使美国得克萨斯州的南美白对虾蒙受损失。病毒通过海水水流水平传播的同时，恶化的养殖环境、致病细菌大量繁殖、养殖对虾抗病力下降成为虾病发生的主要因素。

不难看出，对虾养殖作为一个产业，与周边水域环境有着密切的联系。由于养殖水体生态的复杂性以及养殖环境的不可控性，一旦养殖负荷超过水域的自净能力，其结果是投入越大、损失越大。因此，要使对虾养殖业持续、稳定、健康的发展，其发展规模必须以不破坏周边环境为前提。如果养殖系统操作不当，管理不科学，即使选用无病毒的 SPF 虾苗也不一定能养殖成功。

台湾省的对虾养殖有一定的基础。1997 年，第一届世界华人虾类养殖研讨会在厦门大学举行，当时由中国科学院院士刘瑞玉研究员和台湾大学陈弘成教授等专家发起，之后每两年召开一次，从事对虾养殖的世界华人，共同研讨养虾的问题，以"促进相关产业可持续发展，振兴虾业共同繁荣"为宗旨。经过几年的努力，我国的对虾养殖在近年已逐渐走出低谷，台湾省也不断总结，南美白对虾的养殖和产量均有发展。台湾省在 2000 年有 2.0×10^4 吨的产量，2001 年上升到 $2.7 \times 10^4 \sim 2.8 \times 10^4$ 吨，其中以南美白对虾为主。台湾省已逐步开发应用各种对虾养殖模式、系统的配套养殖技术，不断地使各项生产环节中的物质、能量投入和输出技术实现科学化、工程化、建立一整套无公害健康养殖的技术模式。

三、南美白对虾在我国的养殖前景与展望

近几年，我国的科研机构和高等院校的专家学者在对虾病毒病的防治等研究方面做了大量的工作，探索出了预防病毒病的多种养殖模式，着重于水平传播的各种方式以切断病原的传播，但通过亲虾、虾苗带毒的垂直传播几乎难以解决。中山大学何建国教授等1999 年的研究表明，从东南亚进口的斑节对虾种虾携带白斑病毒（WSSV）的比例逐年增加，给养殖者带来很大的威胁。近年，我国南美白对虾的种虾大多是从美国夏威夷引进的 SPF 南美白对虾，不带有特定病毒，切断了对虾病毒的垂直传播途径，在严格的防病措施下，进行健康养殖，给养殖户带来养殖成功的保证。但是2003 年春季，我国海南、湛江等有些对虾育苗场从美国夏威夷引进的 SPF 南美白对虾种虾，培育出的虾苗，养殖 20 天左右全部死亡，均为带毒的种苗，造成养殖失败，虾农损失惨重。

因此，引进亲虾必须经严格检疫，杜绝走私亲虾混入国内，不要购买来源不明的或未经严格检测的种苗。目前，真正从美国夏威夷引进的所谓 SPF 种虾的数量有限，SPR 更是罕见。因此，我们应依靠国内海洋生物学家的技术力量，在进行 SPF 南美白对虾的培育工作方面迈出可喜的一步。

1. 当前我国南美白对虾人工繁殖技术

国内曾于 20 世纪 80 年代末引进南美白对虾，并于 90 年代初

采用人工授精技术培育出虾苗，但一直未能实现虾苗的大批量、规模化生产，繁殖技术一直停滞。中国科学院南海海洋研究所胡超群研究员带领他的博士研究生张吕平、沈琪，课题组成员任春华一起于 1999 年 6 月在海南省万宁市科兴公司将当年 6 月底放养的虾苗养成后，采用人工强化培育技术，当年 12 月将其培育到亲虾规格，并在水温低至 12℃的室外池塘中安全越冬；接着，他们采用亲虾眼柄摘除术，促进亲虾成熟并诱导亲虾自然交配产卵，于 2000 年 3 月培育出健康虾苗 3 亿多尾，当年在万宁市养殖单批产量超 500 千克。这一结果说明，在我国华南地区不仅可以采用人工养殖的南美白对虾进行筛选，大量生产虾苗，而且亲虾可在室外越冬和终年生产虾苗，从而为我国进行南美白对虾的良种选育工作提供种群和家系的保证。

南美白对虾的育苗技术在国内现已过关。南美白对虾的养殖从亲虾、育苗、养成、再培育驯化筛选亲虾，充分为对虾人工育苗提供可靠的亲虾及苗种来源，有效地解决了当前不少地方出现带病原品质不良等问题。值得指出的是，因为南美白对虾属于热带性的海洋虾类，所以在我国内陆地区不宜提倡淡水养殖。

2. 南美白对虾健康养殖的问题

我国对虾养殖业起步于 20 世纪 80 年代初，至 20 世纪 90 年代初对虾养殖规模和产量大幅度提高。但是，1993 年全国出现了大面积暴发性虾病，损失严重。近几年来，各级主管部门及有关单位非常关心和重视虾病的综合防治。在生产实践中，科研单位和高校的专家、学者在有关企业的支持下亲自到虾场进行虾病的防治研究，如中山大学何建国、吕军仪教授自 1993 年开始亲自带领博士研究生十多人在广东省湛江市廉江万亩虾场进行对虾病毒病害的防治研究；中国科学院南海海洋研究所胡超群研究员和中国水产科学研究院南海水产研究所陈毕生、宋盛宪研究员等深入生产第一线，一直在广东、广西、海南、福建等地进行对虾健康养殖的培训和病害防治的研究，在生产实践中，相继提出了针对防病控病、提高经济效益、向集约化方向发展的养殖技术和养殖模式，使我国对虾养殖业沿着健康方向发展。

（1）要因地制宜调整养殖面积和品种结构，即宜虾则虾、宜精则精、宜粗则粗，逐步建立了无公害健康养殖的规范化、标准化体系。在广东，以粤西为主的高位池集约化式的高位养虾模式、循环水生态精养模式、沉淀过滤海水和铺塑料防渗土膜等多种养殖模式，在海南和广西也广泛采用这些模式并逐步辐射到全国沿海。粤东以虾鱼、虾贝、虾蟹混养、轮养模式为主，讲求实用，能有效地减少虾病，还有分级养虾模式、淡水添加模式、净化水（养殖水消毒处理）养殖模式，大部分地区虾池配备增氧机、抽水机等设备，改善了生产条件，讲究科学养虾，对我国对虾养殖业的恢复发展起到了积极作用。

（2）根据各地的气候条件和生态环境，初步摸索了南方养虾的经验，如养殖品种结构的更换，多品种、多批次养殖，分级养殖；大场改小场，浅场改深场；用石灰、漂白粉、二氧化氯等清塘消毒除害；培养基础生物饵料，因地制宜，标粗放养，加强管理，创建新的养殖技术，包括循环用水养殖水系统、环保型饲料、培育无特定病原的对虾品系、培育健康虾苗等。在南美白对虾养成系统中，为创建新的高效养殖系统，必须创造一个最好的池塘养殖管理模式，最大限度地利用水源，利用残饵形成的污泥，减少养殖池和大环境水交换，彻底切断流行病原的传播途径和减少环境胁迫；采取封闭式、半封闭式养殖模式，加强饲料营养等一系列健康养虾的措施；做到勤观察、勤检查，保持良好稳定的水环境，采取以防为主的病害防治方法，从而使养虾技术提高到一个新的水平。

（3）目前，在南美白对虾养殖中存在不少问题，值得关注：①种苗质量差，种质退化，南美白对虾育苗场多，价格低，供过于求；②虾农放养密度大、超密度养殖；③滥用药物，导致养虾的药病；④对虾饲料杂牌多，质量差，配方不科学，污染环境。

3. 南美白对虾养殖业的展望

21世纪是世界许多国家养虾业竞争与发展的世纪，我国今后要以国际、国内两个市场为导向，继续贯彻"巩固提高、配套完善、降低成本、提高效益"的方针。为此，我国的对虾养殖业要做好以下几项工作。

（1）充分发挥我国多品种养殖的优势，在南方应开发多品种、多批次养殖，对新引进品种的种虾一定要严格把好进口关，要对种虾及虾苗进行检测，以防病害进入。

（2）要抓好种苗的生产管理，尤其是对南美白对虾的种苗，逐步建立南美白对虾和斑节对虾的种质基地，做好种苗的培育和病害检测，不出售病苗和不合格的虾苗，对小型不合格的育苗场应给予关闭，严防倒卖走私苗，使虾苗价格保持合理水平，保证养殖种苗的供应。

（3）加强病害的防治工作，要贯彻以防为主的方针。有条件的地方要建立对虾病害防治检测中心，建立完整的对虾养殖和病害防治技术服务体系，水产部门要发挥水产技术推广站的积极作用，为养虾户健康养殖做好各项指导和服务。

（4）对未达标的虾池，要按照农业部全国水产技术推广总站编写的《对虾精养健康养成技术规范》，挖深虾池，改良虾池底质和进排水系统，加固虾池堤围，建立虾苗中间培育池，配置抽水机、增氧机以及水质监测的设备等。各地要合理布局、因地制宜，不要一哄而上、盲目开发。

（5）加强对饲料和药物的管理，重点抓好一批设备好、管理严、质量优、影响面较大的生产厂家，向虾农推荐优质高效的饲料，保证虾农的利益。

（6）要继续办好各种类型、各种层次的技术培训班，进一步普及健康养殖的技术知识，为群众排忧解难，不断总结新品种养殖的先进技术，提高虾农的科学养虾水平；办好养虾示范中心，推广大面积高产、高效益的增产增收经验。

（7）政府领导要保证各项政策的稳定性和连续性，从生产资金和物质供应方面给予养殖户适当支持，协调好产品的销售和社会治安工作，以进一步开拓国内外销售市场。

我国南方具有得天独厚的地理条件，有雄厚的科技力量，从新世纪开始，全球对虾养殖都要按新的无公害健康养殖的系统进行，所以每个养虾业者都要实实在在地做到无公害健康养殖，以促进我国南美白对虾这一良种能持续发展，相信南美白对虾养殖的前景是无限广阔的。

第二章 南美白对虾的生物学特征与生态习性

第一节 南美白对虾的生物学特征

凡纳滨对虾（*Litopenaeus vannamei* Boone，1931）又称万氏对虾、白虾、白脚对虾，我国渔民俗称南美白对虾。在生物学分类上隶属于节肢动物门（Arthropoda）、甲壳纲（Crustacea）、软甲亚纲（Malacostraca）、十足目（Decapoda）、枝鳃亚目（Dendrobranchiata）、对虾总科（Penaeoidea）、对虾科（Penaeidae）、滨对虾属（*Litopenaeus*）。

滨对虾属原属对虾属，后按法国学者 Perez Farfante 和 Kensley 的观点，把原对虾属 *Penaeus* 分为 6 个属，现被许多学者接受。

一、滨对虾属的种类

该属共有 5 种，现把这 5 种的学名和联合国粮农组织（FAO）使用的正式英文名称分别记录如下。

1. 西方滨对虾 *Litopenaeus occidencalis*（Street，1871）

分布于美洲太平洋沿岸、墨西哥、萨尔瓦多、巴拿马湾、哥伦比亚至北秘鲁、加拉帕戈斯。该种英文名：Western white shrimp。

2. 史氏滨对虾 *Litopenaeus schmitti*（Burkenroad，1936）

分布于美洲大西洋沿岸、古巴、伯利兹、中南美自加勒比至南巴西。FAO 英文名：Southern white shrimp，美国也称它为南方（美）白对虾或白对虾。

3. 白滨对虾 *Litopenaeus setiferus*（Linnaeus，1767）

分布于美洲大西洋、火岛和尼亚克、纽约至佛罗里达、墨西哥湾至尤卡坦。FAO 英文名：Northern shrimp，北方滨对虾。

4. 细角滨对虾 *Litopenaeus stylirostris* （Stimpson，1874）

分布于美洲太平洋沿岸、西加州湾北、加州湾至北秘鲁。FAO 英文名：Blue shrimp，美国称为蓝对虾。

5. 凡纳滨对虾 *Litopenaeus vannamei* （Boone，1931）

分布于美洲太平洋沿岸、加州湾至北秘鲁。美国称白腿虾、白对虾、太平洋白对虾，FAO 名：White leg shrimp，中国俗称为南美白对虾。

二、南美白对虾生物学特征

南美白对虾的外形酷似中国明对虾和墨吉明对虾，成虾个体最大可达 23 厘米，甲壳薄、体白色。南美白对虾与细角滨对虾（南美蓝对虾）的外表极为相似，仔细观察才能分别，现把它与南美蓝对虾的主要区别的特征分述如下。

1. 额角齿式

南美白对虾额角背齿为 8～9，腹齿为 2 个；蓝对虾额角背齿为 7～8，腹齿为 3～6 个。

2. 额角形态

南美白对虾的额角较短且直、稍向下弯曲；蓝对虾的额角比较细长，且向上弯曲明显。

南美白对虾的幼虾额角一般不超过第二触角鳞片；蓝对虾的幼虾额角显著超过第二触角鳞片。

南美白对虾幼体额角侧脊达到胃上刺；蓝对虾幼虾额角侧脊达胃上刺之后。

3. 触角外鞭

南美白对虾第一触角具双鞭，内鞭较外鞭纤细，长度大致相等，但皆短小（约为第一触角柄长度的 1/3）；蓝对虾第一触角的外鞭较长，而且显著长于内鞭。

4. 体色

南美白对虾的亲虾体色因含蓝色色素体较少，常呈青灰色，而蓝对虾因含蓝色色素较多。南美白对虾幼虾经甲醛溶液固定后，第二触角呈红色；蓝对虾的幼虾经甲醛溶液固定后，第二触角呈蓝色。

■ 第二节　南美白对虾的分布与生态习性 ■

一、分布

南美白对虾原产于南美洲太平洋沿岸北纬 32°至南纬 23°之间水域，秘鲁北部至墨西哥桑西哥桑诺拉（Sonora）一带，以厄瓜多尔沿岸分布最集中，该地爱丝米拉塔（Esnieraldes）沿岸周年都有怀卵的雌虾分布，所以成为厄瓜多尔的主要养殖品种，是迄今所知的世界养殖产量最高的三大优良虾种之一。

二、生态习性

南美白对虾在自然海域里栖息在泥质海底，大陆架近岸水域，在 0～72 米水域均有它的踪迹。成虾多生活于离岸较近的沿岸水域，幼虾则喜欢在饵料生物丰富的河口地区觅食生长。

南美白对虾白天一般都静伏在海底，傍晚后活动频繁，大多在上半夜蜕皮，成虾洄游至 70 米左右深海。

海洋生物学家发现，南美白对虾白天一般在海底，夜间常缓游于水域的中上层。游泳时，其步足自然弯曲，游泳足频频划动，两条细长的触鞭向后分别排列于身体两侧，转向、升降自如；当它静伏时，步足支撑身体，游泳足舒张摆动，眼睛不时地转动；当受惊时，以腹部敏捷地屈伸向前连续爬行，或以尾扇向下拨水，在水面跳跃，稍有惊动，马上逃避，在日照下显得不安宁。南美白对虾生长期间主要生态环境因素如下。

1. 水温

南美白对虾在自然海区栖的水温为 25～32℃，它对水温突变的适应能力很强。由于南美白对虾为热带性虾类，所以对高温的变化适应能力明显大于低温，人工养殖适应水温范围在 15～40℃，最适水温为 20～30℃，对高温的热限可达 43.5℃（渐变的幅度），水温低于 18℃时，停止摄食，长时间处于水温 15℃的环境中会出现昏迷，低于 9℃时会死亡。个体越小，对水温变化的适应能力越差。水温变化上升到 41℃时，个体小于 4 厘米的虾体 12 小时内全部死亡；个体大于 4 厘米的虾体，12 小时内仅部分死亡。水温变化越慢，对虾的适应温度能力的幅度越广，反之越窄。因此，养殖放苗的时间，即使在华南沿海也不宜太早，应在谷雨后水温 23℃以上才可放苗，如果海区水温低于 23℃，千万不可冒险放苗。

2. 盐度

南美白对虾是广盐性的虾类，对盐度适应范围较广，这可能与它的移居习性有关，南美白对虾可以溯河洄游至盐度极低的内河水域中生长。在南美洲各国进行的半集约式和粗放式养殖中也发现，在盐度较低的雨季，南美白对虾的生长比细角滨对虾（蓝对虾）要快得多，但是在旱季则没有明显的差异；养殖的最适生长盐度为 10～20，对盐度适应范围在 0.2～34，在淡水也可养成，但必须经过逐步淡化，以适应淡水环境，所以该虾在珠江口或淡水区生长相当快。在生长过程中，盐度越低，生长越快，而且病毒病少见。目前我国内地利用南美白对虾能耐极低盐度的特点，采用海水加淡水或淡水加海水的养殖方法进行养殖，把南美白对虾淡化在低至盐度 0.22 的几乎是淡水中养殖取得成功，促进了南美白对虾在极低盐度养殖技术的发展。有人将原来是传统的淡水池塘中加上盐场的卤水，或加海水晶进行养殖南美白对虾，虽然养殖技术上没有什么问题，但是大规模发展下去，将会严重破坏淡水生态环境，必须引起高度重视。

3. 底质

在自然海区中，南美白对虾喜栖息在泥质底。在人工养殖的池塘中，它不像其他虾类那样挑剔底质，土质底也可适应，当然以沙泥质为佳。现已应用铺防渗地膜不用铺沙的养殖新技术，为发展南美白对虾养殖打开新门径。

4. 酸碱度（pH）

海水的酸碱度是海水理化性质的一个综合指标，它的强弱通常用 pH 值来表示，pH 值越高，反映水体的碱性越大；pH 值越低，则酸性就越大；当 pH 值等于 7 时，水体则呈中性。南美蓝对虾和南美白对虾一般都适于在弱碱性水中生活，pH 值以 8±0.3 较适合，其忍受程度范围在 7～9 之间。低于 7 时就会出现个体生长不齐，而且活动受限制，主要是影响蜕皮生长。pH 值在 5 以下（酸性太大的底质），养殖就相当困难了。pH 值低于 7 的池塘要经常调节水质，换水或投放石灰冲泡中和，把 pH 值调节到养殖的正常值才能使用，否则对养殖不利，对虾难以养成，且对虾常会发病。

当池塘二氧化碳（CO_2）含量发生变化时，pH 值也会发生改变。这与池塘中藻类的光合作用和生物的呼吸，以及有机物氧化过程有关。当生物呼吸和有机物氧化过程中放出二氧化碳时，pH 值下降，池水向酸性转化，所以 pH 值的变化实际上就是水中理化反应和生物活动的综合结果。pH 值下降就意味着水中二氧化碳增多，酸性变大溶解氧含量降低，此时可能导致腐生细菌大量繁殖；反之，pH 值过高，将会大幅度增加水中毒氨，给对虾养殖带来不利。一般养殖池中 pH 值白天偏碱性，夜间偏酸性。

5. 透明度

透明度可反映水体中浮游生物、泥沙和其他悬浮等物质的数量，也是标志着水质的优劣因素之一。其中，水体中单细胞藻类大量繁殖会导致透明度降低，即水质过浓，透明度会出现在 20～30 厘米。如果养虾池内存在大量丝状藻或水草等，这些水生植物会强烈吸收水中养料，使水变清，水质很瘦，透明度明显增大，有时可在 1.5 米以上，光直射到塘底，一目了然，会使对虾处于不安的生活状态中。

泥沙和悬浮物质同样会影响透明度的大小，养殖期间的透明度应控制在 30～40 厘米为宜，使对虾在稳定的环境下健康成长。

6. 溶解氧

溶解氧是对虾类生存的最基本要素，虾塘中溶解氧的含量不仅直接影响虾的新陈代谢，而且与水化学状态有关，是反映水质状况的一个重要指标。

如果虾塘中对虾密度大，水色浓，透明度低，溶解氧变化亦大，白天单细胞藻类的光合作用使溶解氧含量有时高达 10 毫克/升以上，而夜间由于生物的呼吸作用使溶解氧大幅度下降，特别在黎明前有时降至 1 毫克/升左右。当溶解氧下降到 0.09 毫克/升时，虾就会出现浮头现象，甚至造成虾大量死亡。南美蓝对虾和南美白对虾的成活率高于斑节对虾，对氧的消耗量一般要求 6～8 毫克/升。在粗养池塘虾的密度低，可在 4 毫克/升，但不应低于 2 毫克/升。

7. 食性与营养

南美蓝对虾和南美白对虾是杂食性的动物，对蛋白质的需求量也有所要求。国外学者对南美蓝对虾和南美白对虾的营养需求做了许多研究，由于试验的环境条件和饲料原料来源的不同，其实验结果有较大差异。首先，我们从南美蓝对虾和南美白对虾的生化组成来看，这两种对虾没有明显的差异；其次，从养殖的效果来看，其饲料的营养要求差异也不大，因此国外尚未见有专门的南美蓝对虾和南美白对虾饲料。从我们对这两种对虾的实际养殖效果来看，两种对虾的营养需求还是有一定的差异，其主要差异是蓝对虾生长后期对饲料蛋白质含量的要求要比南美白对虾要高。

从养殖试验发现，在缺乏高蛋白饲料情况下，南美白对虾可以利用底栖藻类继续生长，而南美蓝对虾的生长则受到抑制。

值得特别指出的是：美国和南美一些学者提出南美白对虾和南美蓝对虾饲料蛋白含量的要求是在 20%～35%，认为蛋白质含量为 20% 的饲料与蛋白质含量为 40% 的饲料养殖效果没有差别，这是在放苗密度为 4～10 尾/平方米和半集约化养殖条件下所得出的结论。但其养殖产量很低，在雨季为 1.5～2.1 吨/公顷（100～140 千克/亩）；旱季为 0.4～0.6 吨/公顷（27～40 千克/亩）。在此情况下得出的有关营养参数并不符合我国目前集约化高密度养殖模式的实际。在国内，中科院南海海洋研究所等曾用国产的一些低蛋白质饲料进行南美白对虾养殖，其效果明显不如国产的蛋白质含量较高的斑节对虾和日本对虾饲料。

此外，对虾对饲料蛋白的利用取决于饲料中可消化吸收的蛋白质含量、氨基酸的含量组成比例等因素。因此，简单地认为南美白对虾和南美蓝对虾对蛋白含量要求低，有的地方甚至用罗氏沼虾饲料代替对虾饲料来养殖南美白对虾是不恰当的，更不能用蛋白含量低的饲料来养殖南美白对虾和南美蓝对虾。

第三节　南美白对虾的繁殖

一、繁殖特点

南美白对虾具有人工养殖亲虾容易成熟和繁殖的特点。通过人工培育，巴拿马和厄瓜多尔品系的南美蓝对虾 50～70 克，南美白对虾 30～40 克达到性成熟，可以进行繁殖。产卵之前，成熟的雌虾和雄虾追尾交配，交配时雄虾将精荚射出粘固在雌虾体外的纳精器上。交配后雌虾产卵，产卵的数量与雌虾的大小有关，60～80 克的南美蓝对虾（巴拿马和厄瓜尔品系）为 10 万～35 万粒，30～40 克的南美蓝对虾（墨西哥品系）为 7 万～10 万粒；30～45 克的南美白对虾产卵数为 6 万～20 万粒。

南美蓝对虾和南美白对虾的雌、雄虾交配完毕后，雌虾当天产卵，这与我国目前养殖的中国对虾、斑节对虾等对虾交配完毕后需要一段较长的时间才会产卵的习性不同，这一特点也使得进行南美白对虾和南美蓝对虾的标志配对和家系培育易于操作。虽然美国和法国都不是南美白对虾和南美蓝对虾的原产地，但自 20 世纪 80 年代初开始，美国在夏威夷和法国的塔希提等地就开展了南美白对虾与南美蓝对虾的家系培育和遗传育种的研究工作。在 90 年代前后培育出 SPF 家系和种群，并在全球各地推广养殖，目前他们在 SPF 的基础上，进一步开展抗特定病原（SPR）的家系和种群培育研究。

我国华南地区和海南沿海具有养殖和繁育南美白对虾、南美蓝对虾和斑节对虾的优越自然条件，而且养殖的对虾品种多，有必要进行良种的培育和种群基地的建立。

2000 年开始，我国华南地区由中山大学、中国科学院南海海洋研究所、中国水产科学院南海水产研究所陆续进行了南美白对虾的 SPR 家系及种群筛选工作，并取得可喜的成果。广东恒兴饲料实业股份有限公司与中山大学合作，从 2002 年开始开展了南美白对虾抗白斑综合征病毒（WSSV）的品系选育，共进行了 1 代个体选育、4 代家系选育和 3 代杂交选育，共培育出 332 个家系；培育虾苗 16 亿尾，在广东省内外养殖，WSSV 发病率低于 10％；"中兴一号"和"中兴二号"注射感染和投喂感染 WSSV 存活率分别达 70％和 90％，而同期进口的亲虾繁育的后代用两种方式感染的死亡率均接近 100％；"中兴二号"的生长速度较未经选育的南美白对虾在 90 天的养殖时间内快 10％以上；应用 RAPD 对抗 WSSV 性状及对 WSSV 敏感性状相关分子标记进行分析，得到与抗病相关的分子标记 3 个，WSSV 敏感相关的分子标记 1 个，为我国对虾养殖持续健康发展作出重要贡献。

二、繁殖

南美白对虾与南美蓝对虾一样，属于开放性纳精囊类型，雌虾不具纳精囊（已成熟的个体，原纳精囊处的外骨骼呈倒"Ω"形状）。雄性第一腹肢的内肢特化为交接器，后者略呈卷筒状，其表面布有不同形态和大小的沟缝和突起。

南美白对虾与南美蓝对虾的繁殖特点与中国明对虾等闭锁性纳精囊的类型有很大差别。开放型的繁殖顺序是：蜕皮（雌性）—成熟—交配（受精）—产卵—孵化；而闭锁性（中国对虾）为：蜕皮（雌性）—交配—成熟—产卵（受精）—孵化。

在我国，以前一直认为南美白对虾和南美蓝对虾的人工繁殖是已知对虾中难度最大的虾种之一，采用全人工授精技术虽然培育出了虾苗，但长期以来未能实现虾苗大规模生产的产业化。南美白对虾与南美蓝对虾交配的精荚很容易脱落被认为是人工繁殖难以成功的原因之一。1998 年，中国科学院南海海洋研究所首次发现南美白对虾交配脱落的精荚与雌虾正常产出的未受精卵可在池中正常受精并正常发育，这与前人的研究结果正好相反，说明南美白对虾和南美蓝对虾雌虾的卵子与雄虾的精子只要正常发育并同步排出，就能正常受精和继续发育。他们还发现：人工养殖条件下南美白对虾雌虾与雄虾的性腺发育是不同步的，雄虾性腺可以正常发育并先于雌性腺成熟，而雌虾性腺自然发育成熟比例很低，需要通过人工摘除眼柄后性腺才会发育成熟。采用亲虾人工强化培育、单侧眼柄切除和亲虾自然交配方法取得南美白对虾和南美蓝对虾全人工繁育和连续传代培育技术成功以后，我国养殖所用的南美白对虾和南美蓝对虾的虾苗都是通过人工繁育获得。

1. 交配

南美白对虾是在黄昏进行交配，通常发生在雌虾产卵前几小时或十几个小时（但多数在产卵前 2 小时内完成）。交配前的成熟雌虾并不需要蜕皮，均在蜕皮期间进行交配，雄虾会主动追逐雌虾进行交配，一般在上半夜进行。交尾追逐时，雄虾在下，雌虾在上紧贴成双结对平游，游动中雄虾转身而上，把雌虾抱住，两性个体腹部相对头尾一致，但偶尔也可见到头尾颠倒的。雄虾释放精荚并把它粘贴在雌虾第三至第五步足间的位置上。如果交配不成，雄虾会立即转身，并重复上述动作。雄虾也可以追逐卵巢未成熟的雌虾，但只有成熟的雌虾才能接受交配行为。

新鲜的精荚在海水中具有较强的黏性，交配过程中很容易将它们粘贴在雌虾身上。

2. 产卵

南美白对虾与南美蓝对虾的卵巢颜色为橘红色，肉眼可见到，但产出的卵为豆绿色，头胸部卵巢的分叶呈簇状分布，仅头叶大而呈弯指状，其后叶自心脏位置的前方紧贴胃壁，向前侧方向（眼区）延伸；腹部的卵巢一般较小，宽带状，成熟的卵巢不会向身体两侧下垂，一般体长 14 厘米左右、体重 55 克的细角滨对虾雌虾每次产卵 10～35 万粒/尾，平均为 18 万粒/尾，7～10 天产卵 1 次，南美白对虾和细角滨对虾均是边生长边产卵的对虾，连续产卵时间为 5～6 个月。无论南美白对虾或是细角滨对虾，自然交配产出的卵，受精率和孵化率均在 95% 以上。

亲虾产卵都是在晚间 21:00 至黎明 3:00 之间，每次从产卵开始到卵巢排空为止需要 1～2 分钟。

这两种对虾雄虾精荚均可反复形成，但成熟期较长。据观察，从第一枚精荚排出到后一枚精荚完全成熟一般需要 20 天，摘除单侧眼柄后精荚的发育速度会明显加快。

未经交配的雌虾，只要已经成熟，也可正常产卵，但所产的卵粒不能孵化，称为"白卵"。

黑暗（光照 50 勒以内）和低温（20℃以下）能有效抑制卵巢的发育，特别是卵巢发育处于第Ⅲ期以前更是如此。

3. 卵子的发育

南美白对虾与细角滨对虾的受精卵直径为 0.28 毫米，在水温 28～31℃、盐度 29 的条件下开始发育，胚胎发育共分 6 期，即细胞分裂期、桑椹期、囊胚期、原肠期、胚芽期和膜内无节幼体期。

4. 形态的发育

南美白对虾与细角滨对虾的生活史共分 6 期：胚胎期、仔虾期、稚虾期、幼体期、中虾期和成虾期。

仔虾期发育阶段为无节幼体 6 期，经 6 次蜕皮后成为溞状幼体，经 3 次蜕皮后，进入糠虾期，再经 3 次蜕皮变态成为仔虾。上述变态过程共需要经历 12 次蜕皮，历时约 12 天（受精卵—无节幼体—溞状幼体—糠虾幼体—仔虾）。

5. 成长与寿命

南美白对虾与细角滨对虾的生长速度快，在盐度 15～25，水温 30～32℃，虾苗养殖 80 天后便可收成。一般在粗养条件下，平均每尾成虾可重达 45 克以上，体长由 3 厘米增长到 14 厘米以上，平均寿命可以超过 32 个月。

由于南美白对虾与细角滨对虾具有生长周期短、适应环境能力强、肉质鲜美、繁殖时间长等特点，而且细角滨对虾抗寒能力比南美白对虾强，与南美白对虾一样在海南、湛江可周年繁殖和养殖，是对虾养殖的一个短、平、快的优良品种，值得推广。

第三章 南美白对虾的全人工繁殖

采用健康养殖技术，将人工繁育的虾苗养殖至商品虾的规格后，进行人工筛选，用人工强化培育技术继续养殖至亲虾规格，亲虾在人为的条件下产卵孵化培育成虾苗的全过程称为全人工繁殖（人工育苗）。

良好的环境是人工育苗的基本条件，但人工育苗要根据生产需要按计划生产，按健康育苗技术培育健康的虾苗。

我国天然水域没有南美白对虾的原虾，故人工繁殖用的对虾亲本均来源于进口，我国曾于 1988 年开始引进南美白对虾到山东青岛进行人工养殖和繁殖研究，采用全人工授精技术将养殖时间 16 个月以上的亲虾进行人工授精，培育出少量虾苗进行养殖取得成功，但一直未能实现大批量育苗和规模化全人工繁殖。1988 年，中国科学院南海海洋研究所引进南美白对虾亲虾到华南地区进行人工繁殖和养殖，采用亲虾自然交配产卵技术能大量生产虾苗，并在 1999 年上半年首次采用过滤海水防病养虾系统进行南美白对虾集约化养殖，获得了单造平均产量 4.92 吨/公顷的高产量，带动华南沿海掀起养殖南美白对虾的热潮；在此基础上，他们迅速开展了南美白对虾全人工繁殖的系统研究，并在 2000 年引进南美蓝对虾后，南美蓝对虾的全人工繁殖的研究也获得成功，促进了我国对虾养殖的发展。现将南美白对虾全人工繁殖技术介绍如下。

▪ 第一节　南美白对虾的亲虾养殖与培育 ▪

亲本包括雌虾与雄虾，是用以繁殖的种虾，我国习惯称为亲虾。一般认为亲虾是母虾，没有把雄虾归入；一般把雌虾和雄虾统称为亲本。亲本培育是将虾苗培育成亲虾的全过程。南美白对虾亲本的培育必须在特定环境条件下，按照一定的方法和标准来完成无特定病原 SPF 虾苗培育成亲虾的全过程。现将亲本培育场的场址选择、水质环境、培育池的条件、放养前的准备工作、虾苗选择和亲本培育的技术等分述如下。

一、培育场的条件

1. 场地的选择

地势平坦、相对独立、远离工业、农业及生活污染区、面向外海、潮流畅通的海区海岸带建造，海区水质经检测要符合 GB11607 渔业水质标准的规定，盐度 25~38，pH7.8~8.4，透明度大于 2.0 米，化学耗氧量 3.0 毫克/升以下，并有淡水资源。

2. 培育场的配套建设

（1）供水系统 进、排水渠道单独设置，进水口应尽量远离出水口。排水渠的宽度应大于进水渠，以方便暴雨排洪及收虾排水的需要。

培育池设有专用的砂滤井、蓄水池、水泵、储水池和消毒池等。蓄水池的储水量为养殖池总量的 1/3 以上。

（2）亲本培育池 在广东、海南、广西等地，一般为露天水泥池或铺设无毒防渗漏塑料土工膜的土地，池面积 0.1~0.3 公顷，池深 2.0~2.5 米。池塘为圆形或方形池，池角呈圆弧形状，圆弧半径为 3~4 米，池底锅底形，中央设排水口。

每个培育池按 12~15 台/公顷安装水车式增氧机或射流式增氧机。配备相应功率的电机组，以防在养殖期间停电。

为减少气象、病毒、病原等对亲虾养殖的胁迫影响，亲虾培育池特别是后期的亲虾培育池，也可建设在室内。室内养虾的设施可用水泥结构半埋式养殖池，池顶距地平面 0.6~0.7 米，面积 30~50 平方米，池深 2~2.5 米，中央排污或养殖池的短边排污均可，池底向排污口倾斜，坡度为 2%~3%。温室屋面采光良好，晴天中午的光照强度 5000 勒以上。温室顶部设调节室温的通风窗。池内设充气增氧装置，不必使用增氧机，以气石增氧即可。

（3）培育池废水排污处理系统 包括沉淀池、生化处理池、过滤池以及消毒处理后排放。

（4）实验室 配置病原检测和水质分析等仪器设备，有专职的技术人员负责。

二、培育（养殖）用水

水源水质应符合 NY 5052—2001 无公害食品海水养殖用水水质的规定。

专门养殖培育亲本用水必须严格消毒，可用紫外线消毒，也可用臭氧 $0.3 \times 10^{-6} \sim 1.0 \times 10^{-6}$，或稳定性二氧化氯 $1 \times 10^{-6} \sim 2 \times 10^{-6}$ 消毒，待消毒剂毒性消失后方可使用。

1. 敌害生物的处理

处理的方法有网滤、砂滤、化学药物消毒和紫外线杀菌等。

（1）网滤　此法简单、成本低，可用 150～200 目筛绢网（在溞状幼体后期可采用 80～100 目筛绢），清除较大型的敌害生物，如桡足类、夜光虫、水母，以及野杂鱼、虾蟹类等，同时也能获得小型自然饵料生物。本方法的缺点是无法清除致病的细菌和纤毛虫类等。

（2）砂滤　用砂滤的海水较清净，砂层的截阻作用及凝集作用能防止微生物、微细无机物质和有机碎屑通过。但因被过滤的有机物质在细菌作用下分解，会产生有害的物质，影响育苗的效果，所以使用期间需要经常反复冲洗砂层，以保持砂滤层的清洁。

（3）化学药物消毒　此法由于成本较高，只适用于投饵式育苗方法。其做法是在育苗用水前，向沉淀池中加入 $120 \times 10^{-6} \sim 150 \times 10^{-6}$ 含有效氯 $8\% \sim 10\%$ 的次氯酸钠溶液消毒，12 小时后再加入 $17 \times 10^{-6} \sim 45 \times 10^{-6}$ 硫代硫酸钠消除余氯。由于硫代硫酸钠会消耗水中的溶解氧，故育苗前必须经过曝晒，方可使用。

次氯酸钠入水后的化学反应

$$2NaClO + H_2O \longrightarrow 2NaOH + Cl_2 \uparrow + O_2 \uparrow$$

加入硫代硫酸钠后的反应

$$Cl_2 + 2Na_2S_2O_3 \longrightarrow 2NaCl + Na_2S_4O_6$$

次氯酸钠价格较贵，也可改用 5×10^{-6} 漂白粉，12 小时后再用 5×10^{-6} 硫代硫酸钠中和，消毒的效果与次氯酸钠溶液相同。

使用消毒后的海水育苗时，亲虾应先进行消毒，具体方法是：使用 200×10^{-6} 福尔马林溶液浴洗亲虾 3 分钟，或用福尔马林、硫酸铜混合溶液浸洗亲虾 10 分钟，浸泡浓度为硫酸铜 10×10^{-6}，福尔马林 10×10^{-6}。

为了防止有机物和有害生物的污染，育苗前必须用 20×10^{-6} 高锰酸钾或 50×10^{-6} 漂白粉对育苗池和其他水池进行消毒，并用砂滤海水清洗冲刷干净。

2. 盐度调节

育苗期间，若海水盐度过高，可用淡水调节。海水盐度过低，可加食盐（最好是盐卤水）进行调节，使盐度控制在幼体最适宜的范围内。

3. 重金属离子的调节

重金属离子对幼体发育的影响较大，重金属离子含量过大，会直接影响幼体的成活率，所以必须彻底清除重金属离子的影响。在育苗池中加入 $2 \times 10^{-6} \sim 10 \times 10^{-6}$ 的乙二胺四乙酸二钠（EDTA）或用乙二胺四乙酸来螯合水中过多的重金属离子。

三、培育（养殖）前的准备工作

1. 养殖（培育）池的消毒

可用氯制剂进行消毒，有效氯浓度为 5～15 毫克/升漂白粉、次氯酸钠或强氯精消毒均可。

2. 培养饵料生物

为预防病害，养殖用水系统采用有限水交换系统或者采用循环用水系统。养殖用水经彻底消毒处理后，一次性进水到 1.5 米深，使用无机肥料应符合 NY/T 394 绿色食品肥料使用准则规定，第一次施用单胞藻类专用肥料 22.5～30.0 千克/公顷，启动增氧机，2～3 天后根据水色的浓淡酌情追加，透明度保持 30～40 厘米。可接种优良单胞藻和培养无特定病原的高营养浮游动物。

另外，可使用发酵后的鸡粪经消毒后加有益微生物制剂混合肥水。鸡粪用量为 5～10 千克/亩，加 500 克虾蟹宝（有益微生物），待水色变为黄绿色或褐绿色，透明度为 40 厘米左右即可放苗。养殖期间基本上不换水，每天添加少量淡水，直到水深达 2.5 米，添加水来源于消毒后的蓄水池。

四、亲本的养殖培育

1. 虾苗及病原检测

选择体长为 0.8～1.0 厘米的健康虾苗，应保证是无潜在的 WSSV 病原感染的无特定病原 SPF 虾苗。

2. 虾苗放养

同一口培育池应一次放足虾苗。体长为 0.8～1.0 厘米的虾苗，放苗密度为 15 万～40 万尾/公顷。室内培育放养密度为每平方米 15～25 尾。在养成期不同阶段（苗期、放苗初期、体长 8 厘米前后、交配前）均要进行 WSSV 检测。放苗时水温应在 20℃ 以上。池水的盐度与育苗池水的盐度差应小于 4，pH 值 7.8～8.5。

3. 养殖期环境管理

放苗后在养殖过程中主要使用有益微生物制剂、增氧机，以及沸石粉、白云石粉等水质保护剂，要保持水质的稳定；消毒时一般用二氧化氯、二氧异氰尿酸钠或季铵盐等，可用中草药控制弧菌数量。

室外养殖池应预防暴雨后池内单细胞藻类下沉，致使环境突变，对虾产生胁迫反应。通常使用排除表层水或启动增氧机搅动池水，减轻池水分层。

4. 使用优质高效饲料

选择营养全面的优质配合饲料，符合 NY 5072—2002 无公害食品渔用配合饲料安全限量的要求，在养殖后期应逐步加大鲜活饵料比例，补充投喂不携带对虾病原 WSSV 的鲜活小型低值贝类、卤虫等加强对虾营养，或增加投喂高效营养物质，以提高对虾免疫力，增强抗病能力，促进对虾快速生长。

5. 隔离防疫措施

（1）制定隔离防疫制度　实行分区专池隔离培育，不得混用器具，各池专用器具使用前后均要严格消毒。

（2）废水处理　培育池排水应经过废水处理系统消毒净化后才能排放，排放口要远离抽水口。

五、亲本的挑选

1. 第一次挑选

虾苗经 50 天以上的养殖，体长在 8 厘米以上，体重达 9 克以上，选留率达 50%。

2. 第二次挑选

虾苗经养殖 90 天以上，体长 11 厘米以上，体重 20 克以上，选留率为 40%，留作后备亲本。

3. 第三次挑选

为保证卵子质量，笔者认为雌虾性腺成熟最适月龄应控制在 10～12 个月龄以上，体长 18 厘米以上，体重 55～80 克。营养条件好、月龄足的亲虾，交尾率高，产卵量大，卵子直径大，卵子孵化率高。南美白对虾卵巢有多次连续成熟产卵的特性，所以要严格挑选无特定病原 SPF 的亲本，生长快、健康、无损伤、无畸形的虾留作亲本。

六、检疫

定期检测病原，发现亲本带有特定病原的培育池要及时采取整池处理，进行严格的防疫措施。

七、建档

（1）南美白对虾亲本培育全过程必须同步建立真实、准确的记录和完整的档案；

（2）归档的主要内容包括引进亲本的种源、时间、地点、机构、规格、数量、成活率和检疫情况等；

（3）要详细记录种苗繁育过程的环境、生长发育和检疫情况等。

第二节　南美白对虾全人工繁殖技术

结合我国南美白对虾养殖的具体情况，总结南美白对虾人工繁殖技术如下，供有关育苗场参考。

一、繁殖及育苗设施

1. 场地选择

选择远离对虾养殖区、水源水质良好的地方。育苗场应建在避风、坐北朝南、交通方便、有动力电源、通讯联络方便、淡水水源充足的地方。

2. 育苗场基本设备

育苗室要求有调光、控温、防雨防漏设备，要有通风和抗风功能，而且要耐用。育苗室一般采用土木结构，房顶部及四周采用玻璃钢波形瓦或用编织塑料布和薄膜覆盖。室内设有黑色窗帘以调节光线，四壁设高而宽的窗户，以利通风。北方育苗室墙壁通常为砖石结构，设高而宽的窗户，以利于保温、通风、采光。对虾育苗场平面图见图1。

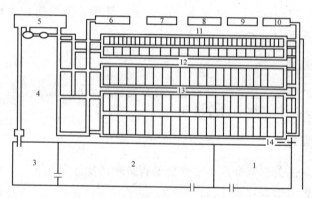

图1　对虾育苗场平面图

1—亲虾暂养池（土地）；2—潮差式贮水池；3—沉淀池；4—水泵房；
5—高位水池（或水塔）；6—锅炉房；7—实验室；8—仓库；
9—配电室（或发电室）；10—鼓风机房；11—单胞藻培养室；
12—轮虫培养和卤虫孵化室；13—幼体培养室；14—排水沟

3. 育苗池（图2、图3）

用水泥砌成，育苗池的形状有长方形或椭圆形，池四角抹成弧形，池的面积20～50平方米，池深0.9～1.2米，半埋式，池底设有排水孔，池底向一边倾斜，坡度为2‰～3‰。池底和池壁可均

图 2 育苗池剖面图

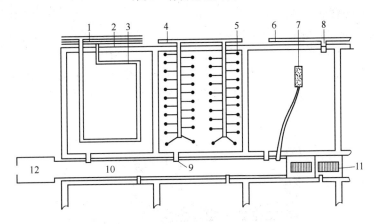

图 3 育苗池平面图

1—供热管；2—回水管；3—加热管；4—送气管；5—散气管；
6—供水管；7—换水管；8—水龙头；9—出水管；
10—排水沟；11—排水沟盖板；12—集苗槽

匀涂抹水产专用的无毒油漆。培育池上安装日光灯管。

4. 饵料生物培养

包括植物性饵料培养室、动物性饵料培养室及丰年虫（又名卤虫）孵化室，各个室均应是独立的，间隔一定的距离，以防止污染。

（1）植物性饵料培养室　主要是培养单细胞藻类，要求光照度在晴天中午能达到10000勒以上。因此，必须有透光率强的玻璃或玻璃钢波形瓦屋顶，培养室四壁要有宽大的窗户，屋顶开设天窗。室内建有单细胞藻类种间，二级培养池（扩大培养池）面积为1.5～2平方米。池深0.5米左右。三级培养池（生产性培养池）面积可为10～15平方米，深度为0.8～1米。二、三级两种池子的总水体数应占育苗池总面积的 20%。二、三级池均应有人工光源、增温及充气设备，藻类二、三级培养也可采用塑料袋吊挂式、立柱式以及其他封闭式培养方法，灵活操作，以满足育苗的需要。

（2）动物性饵料培养室　以培养轮虫、枝角类等为主。池面积 10～15 平方米，池深 1.5 米左右。池内应有充气和控温设备。其总水体数约为育苗池的 20%。轮虫及其单细胞藻类饵料的培养可在室外塑料大棚内进行。

（3）丰年虫（卤虫）孵化室　丰年虫卵的孵化可采用孵化池、水缸（100 升左右），或水泥池 ［图 4（a）］，一般 0.5～1.5 立方米，锅形，底部处有一排水管用于收集丰年虫无节幼体。也可用丰年虫卵孵化器，用玻璃钢做成，底部锥形，体积为 2 立方米。［图 4（b）］，放置在隔离的丰年虫培养专用室。

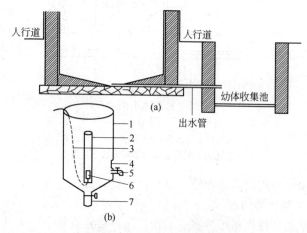

图 4　丰年虫孵化池及孵化器

a. 丰年虫孵化池；b. 丰年虫孵化器

1—不透明器壁；2—气举管；3—送气石；4—透明窗；

5—集取幼体口；6—散气石；7—排污口

丰年虫也称为卤虫，由丰年虫卵孵化的丰年虫无节幼体，是公认的培育对虾幼体的优质饵料，主要用在对虾培苗场的糠虾幼体期和仔虾期。育苗场中广泛使用的丰年虫卵是其休眠卵，又名冬卵。该卵孵化出的丰年虫无节幼体，刚孵出 1～2 天内具有丰富的营养

（含蛋白质 60％、脂肪 20％），是对虾幼体的良好饵料。丰年虫休眠卵能长时间（数年）保存，目前华南地区几乎都是用进口产品。我国河北生产的休眠卵经过筛选、去杂质等处理工艺，采用真空罐头包装，具有保存时间长、孵化率高、孵化时间短、孵出幼体整齐等优点而受到欢迎，需要时可随时进行孵化，获得无节幼体，既简单又方便，容易保证供应。下面介绍其孵化方法和收集方法。

1）准备好丰年虫孵化池，或采用玻璃钢孵化器。

2）海水相对密度要求 1.010～1.020，即盐度为 28～30。

3）调节海水 pH 值为 7.8～8.5。

4）必须保持连续充气，以利充分流动。

5）28℃为最适孵化温度，可控制在 27～30℃。

6）最佳孵化时间为 18～24 小时。

7）丰年虫无节幼体的收集：首先移开充气气石，15 分钟后，孵化出的无节幼体则群集于底部。通过底管（或用塑料软管虹吸）将幼体收集进 150～200 目的筛绢中，浓缩后即可投喂。

5. 育苗池的供水系统

供水设施为封闭式系统，包括蓄水池、灭菌消毒沉淀池、高位水池、过滤池（或过滤器）、生物净化池（器）和紫外线灭菌器，以及连接各设备的水泵、水管道和阀门等。

（1）蓄水池　有蓄水和使用海水初步消毒净化两个作用。

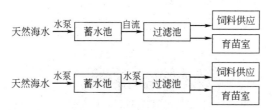

海水通过闸门纳水或用水泵抽入蓄水池，使用消毒剂消毒，可达到较好的处理目的。蓄水池可分设为两池轮换使用。蓄水池容水量为全育苗场贮水总量的 5～10 倍。两蓄水池水深均应达 1.5 米以上。

（2）高位水池（或水塔）　位于全场最高处，利用势能自动供水。池底要高于所有培育池顶部。一般过水用高位池贮水量为 50～80 立方米，通常设置为 2 个，便于清洗。

（3）砂过滤池或反冲式过滤器　开放式砂过滤池，利用水的重力自动过滤，但速度慢，需要人力冲洗，但水质较好，经济适用（图5）。反冲式密闭加压过滤设备体积小，过滤虽快，但费用较高（图6）。

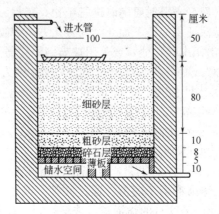

图5　砂滤池剖面图

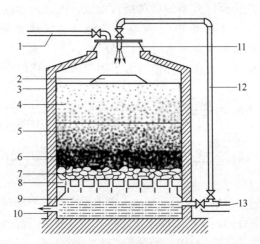

图6　反冲式过滤器示意图

1—排污管；2—缓冲盆；3—过滤塔体；4—细砂；5—粗砂；
6—砾石；7—卵石；8—筛板；9—贮水处；10—出水口；
11—进水口；12—进水管；13—逆流阀

（4）海水消毒 通过物理或化学办法，以杀灭海水中的病原菌。主要用于单胞藻培养用水，必要时也用于育苗用水。目前在育苗中应用的有以下几种。

① 过氯处理。是最常用的一种大水体海水消毒法。可直接通入氯气（Cl_2），也可加入次氯酸钠（$NaClO$）、漂白粉[$Ca(ClO)_2$]或二氯异氰尿酸钠或漂白精，使水中有效氯含量为 $15\sim20$ 毫克/升。漂白粉或漂白精使用时可先用水浸泡，充分溶解后再用 60 目尼龙筛绢过滤。最后，投入海水，搅动水体，使其混合均匀，12 小时后，再加入硫代硫酸钠，除去过量氯气。除去氯的海水必须充分进行充气才能供育苗使用。

$$2ClO^- + H_2O == 2OH^- + Cl_2\uparrow + [O]$$
（释氯和初生氧杀菌）

$$S_2O_3^{2-} + 4Cl_2 + 5H_2O == 2SO_4^{2-} + 8Cl^- + 10H^+$$
（中和余氯）

漂白粉又称氯石灰，含有效氯 $25\%\sim35\%$，与其类似的有漂白精，主要成分为次氯酸钙 $Ca(ClO)_2$，育苗场多用此消毒，用量为 20 毫克/升。

② 紫外线消毒。波长 $200\sim300$ 纳米的紫外线具有杀菌作用，波长 260 纳米的杀菌能力最强。紫外线使微生物蛋白质变质而死亡。一般用 $30\sim40$ 瓦紫外灯向水池里的海水照射数小时，有一定效果，但较少采用。

③ 酸处理消毒。海水 pH 是稳定碱性，长期生活于海水环境的海洋生物对 pH 变化的适应能力和对酸性的耐力都较弱。根据这个原理，可以使用酸处理方法消毒海水。具体做法，每吨海水加 1 摩尔/升的盐酸溶液 3 毫升，充分搅拌。加酸后海水 pH 值下降至 3 左右。12 小时后再向海水加 1 摩尔/升的氢氧化钠溶液 3 毫升中和酸性，使海水 pH 值恢复到原来水平。

④ 加热消毒水。把过滤海水或经沉淀后的海水于烧瓶或铝锅中加温煮沸消毒。海水加热灭菌后，需经冷却，充分搅拌。该方法多在单胞藻类小型培养中使用。经过消毒的海水，如果温度、盐度、pH 值、重金属等水质因子达不到育苗要求，还要进一步进行调节。预防供水设备材料对水质污染，严禁使用含铜、锌等重金属

和含有毒物质的水泵、管道和阀门等器材零件。

水质直接影响对虾的生长和发育，是直接影响人工繁殖的基本条件。人工繁殖用水的全过程均要以渔业水质标准 NY 50521—2001 无公害食品海水养殖用水水质为标准，以达到无公害的规范。

6. 用水流程

水源→蓄水沉淀消毒池→过滤池→生物净化池→紫外线消毒器→育苗池→沉淀池→过滤池。

7. 育苗设施

按对虾育苗操作技术工艺要求建立育苗设施。

8. 建立 PCR 检测病毒实验室

应用 PCR 检测技术，检测特定病原——WSSV。对所有的生产系列，包括亲虾、卵及各期幼体变态完成后取样检测，结果为阴性者继续培育，阳性者弃掉。在亲虾及幼体培育过程中使用的鲜活饵料，如沙蚕、蛤、轮虫和卤虫等均需多次抽样检测，还应具备检测微生物的一般手段和常用设备。

二、亲虾的选择与暂养（培育）

我国每年从境外进口的南美白对虾的亲体或来自养殖的南美白对虾亲体，必须经严格的 PCR 检测，为阴性者再进行挑选。

挑选的指标：月龄在 9～10 个月以上；雌虾体长达 16 厘米以上，体重 50 克以上；雄虾体长 15 厘米以上，体重 40 克以上；体表光滑无寄生物、健康、无损伤、无畸形、鳃部清洁，特别要挑选略多于雌虾数量的雄虾，雄虾要精荚饱满，体型大，选留作为亲虾进行催熟培育和产卵孵化用。

1. 产卵和孵化池

产卵孵化池大多为长方形或圆形两种，一般为正方形室内水泥池，容积为 10～30 立方米，池深为 1.2～1.5 米，以半埋式为好（图 7），除保温性要强外，还要能调节光线，便于排灌水、吸污、充气和进行日常管理。池外设容积 1.5 立方米左右的集幼体槽。池底和池壁可均匀涂抹水产专用的无毒油漆。

2. 亲虾强化培育和产卵孵化环境要素

水质应符合 GB 11607 渔业水质标准的规定，亲虾培育和产卵

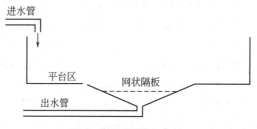

图 7 亲虾暂养产卵池

孵化用水应符合 NY 5052—2001 无公害食品 海水养殖用水水质的规定。用水应为经沉淀、砂过滤和消毒的海水，水温 26～27℃，盐度为 30～35，pH 值 7.8～8.4，化学耗氧量 1 毫克/升以下，总氨氮 0.04 毫克/升以下，亚硝酸盐氮 0.01 毫克/升以下，溶解氧 5.0 毫克/升以上。

3. 亲虾暂养

雌、雄亲虾比例为 1∶1～1∶1.5。雌、雄分池暂养，暂养密度每平方米 10～15 尾。暂养水温与亲虾运输的水温一致或稍高 0.5℃，盐度差小于 3，光照强度控制在 500～1000 勒。暂养过程中微充气，逐渐升温，每天升温 1～2℃，最高水温不超过 30℃；适量换水和投饵，每天换约 20%。暂养时间一般 10～15 天。待亲虾的摄食和活力恢复正常后，转入培育池中进行催熟培育。

4. 亲虾催熟培育

（1）密度 亲虾催熟培育的密度为每平方米 10～15 尾。

（2）雌、雄比例 雌、雄比例为 1∶1～1∶1.5。雌、雄亲虾分池培育。

（3）切除眼柄 用烧红的止血钳镊烫雌性亲虾单侧眼柄，眼柄被镊灼至扁焦即可。

（4）培育环境 ①水温：培育池水温 27～30℃；②控光：亲虾催熟培育白天光照强度 500～1000 勒，夜间除雄虾池交配时间需开灯外，其余时间不开灯；③充气：沿池周边每 50～100 厘米设 1 个气石，池中央设 2～4 个气石，充气呈微沸腾状；④饵料投喂：投喂新鲜的沙蚕、星虫、小牡蛎、鱿鱼、乌贼、蛤肉等，每日投喂 3～5 次，日投喂量为亲虾体重的 10%～25%，以亲虾摄食后略有剩余为宜，可在投喂的饵料中添加少量维生素 E 和少量维生素 C；⑤换水与清污：培育池水深为 50～60 厘米。亲虾切除眼柄后 2 天内不换水，以后换水每天 1～2 次，日换水量为 80%～120%，注入新水与原池水的温差不超过 0.5℃。每天早上用虹吸管和手抄网将残饵等污物清理出池，然后边排水边清洁池底后，加入新鲜海水，对流 15～20 分钟，再加至原来水位，投喂前将上餐剩余饵料捞出。亲虾催熟培育一段时间后，可移池培育。

5. 交配

（1）成熟亲虾的挑选　亲虾催熟培育 4～7 天后，每天检查亲虾性腺发育情况。性腺成熟的雌虾，从背面观，卵巢饱满，呈橘红色，质地结实，前叶伸至胃区，略呈"V"字形。每天 10:00～15:00，把性腺成熟的雌虾挑选出，移至雄虾培育池中交配。

（2）交配的光照　白天光照强度 500～1000 勒。夜间打开交配池上方日光灯照射，光照强度控制在 120～150 勒。

6. 亲虾产卵

（1）产卵池经漂白精、高锰酸钾或福尔马林等消毒剂严格消毒后，注水 1.0～1.3 米，加入 EDTA（乙二胺四乙酸二钠），使其在水中的浓度为 2～4 毫克/升，水温 28～30℃，光照强度 50 勒以下；气石 1 个/平方米，微充气；保持安静。一般在前半夜产卵、受精。南美白对虾怀卵量与对虾体长成正比，体长较小的产卵量少。雌虾一次产卵量为 10 万～20 万粒，亲虾在繁殖季节可多次交配产卵，卵巢成熟的间隔时间为 3～5 天。因此，雌虾产卵后，小心将其捞出，加强护养及营养。黎明时收集受精卵。

（2）移放产卵亲虾　每天 19:30 和 23:00 左右分两次检查交配池中雌虾的交配情况，已交配的用捞网轻轻捞出，用浓度为 20 毫克/升的聚维酮碘或 200 毫克/升的福尔马林溶液浸泡 1 分钟，冲洗干净后放入产卵池中，密度以 4～6 尾/平方米为宜。不交配的雌虾00:00 前后捞回原雌虾培育池中。

如果自然交配率较低，必要时进行人工移植精荚。南美白对虾的开放型精囊位于第 4～5 对步足之间。精荚成熟的雄虾，在第 5 对步足基部，外表看精囊呈乳白色。人工移植精荚方法：选择个体大的雄虾，精荚饱满，乳白色。以拇指和食指轻挤捏第 5 对步足基部，精荚即可被挤出，注意精荚不要和海水接触。用纸巾将雌虾纳精囊处轻轻擦干，然后用镊子将精荚粘附在雌虾纳精囊位置上，再小心将雌虾放入产卵池待产。产卵池内充气量要小，以防精荚脱落，防止发生溶卵，保持安静。

（3）产卵后的处理　产卵后，及时捞出亲虾放回培育池。将产卵池中的污物清除。池水中卵的密度超过 50 万粒/平方米，要换水洗卵，换水量 3/4 以上，加入 2～10 毫克/升 EDTA；若水池中卵的密度小于 50 万粒/立方米，酌情换水或不换水。

7. 孵化

（1）孵化密度　卵的孵化密度 30 万～80 万粒/立方米。

（2）充气量　孵化池中气石 1 个/平方米，充气使水呈微波状。

（3）孵化管理　水温保持 28～30℃，每 1～2 小时搅动池水一次，将沉于池底的卵轻轻翻动起来。在孵化过程中及时把脏物用网捞出，并检查胚胎发育情况，孵化时间 13～15 小时。

8. 无节幼体的收集与计数

（1）无节幼体的收集　幼体全部孵化出后，用 200 目的排水器排出 2/3 左右的水，在集幼体槽中用 200 目的网箱收集幼体，除去脏物，移入 0.5 立方米的幼体桶中，微充气。

（2）无节幼体的取样计数　取样前加大充气量使幼体分布均匀，用 50 毫升的取样杯在 0.5 立方米水体的幼体桶中取样计数，按下列公式计算幼体数量。

$$幼体总数（尾）＝取样幼体数×10^4$$

9. 幼体检疫

经检疫部门检疫合格，为无特定病原（SPF）的健康幼体，方可销售使用。

第三节　南美白对虾幼体培育技术

南美白对虾幼体变态发育与斑节对虾相似，经历无节幼体、溞状幼体、糠虾幼体和仔虾几个幼体期的培育。各期幼体培育技术措施与斑节对虾基本相同，一定要保持育苗水环境稳定，尤其是要注意盐度、温度的稳定。

幼体培育又称育苗，系指将无节幼体培育成虾苗的全过程。

育苗场从外地引进的或从当地虾苗场购进的无节幼体都要经过检疫部门检疫合格，确认为无特定病原（SPF）的健康幼体，并要出示对方证明，方可进行生产，并按无特定病原（SPF）育苗的各项规范进行。

一、育苗池的条件

育苗池多为长方形水泥池，一般设在室内，池深 1.2～1.8 米，容积 10～50 立方米。池底向一边倾斜，坡度为 2%～3%。在池底最低处设有排水孔，池外设有集苗槽。池内气石 4～6 个/平方米，一般采用热水锅炉加温，可在池上方设遮光网，池面盖塑料薄膜以控光及保温。

二、育苗用水

水源水质必须符合 GB 11607 渔业水质标准的规定，培育水质应符合 NY 5052—2002 的规定。用水应经沉淀、砂过滤、消毒等处理后使用。要求海水水温 28～32℃、盐度 26～35、pH 值 7.8～8.4、化学耗氧量 1 毫克/升以下、总氨氮 0.05 毫克/升以下、亚硝酸盐氮 0.01 毫克/升以下、溶解氧 5.0 毫克/升以上。

三、幼体培育

1. 无节幼体（N）培育

培育密度 10×10^4～20×10^4 尾/立方米，正常情况下，可产虾苗 3×10^4～12×10^4 尾/立方米。幼体入池前，在池水中加乙二胺四乙酸二钠（EDTA），使其浓度达 2～5 毫克/升。水温 28～30℃，微弱充气。

幼体入池前应先消毒。将幼体移入手抄网（200 目筛绢），在 200 毫克/升福尔马林溶液或 20 毫克/升聚维酮碘溶液中浸泡 30～60 秒，取出用干净海水冲洗，然后移入池中。

无节幼体靠体内卵黄提供营养，无需投饵。幼体外形像只小蜘蛛，略有游动能力，趋光性较强。耗氧量不大，打气不需太强。无节幼体经 6 次蜕皮成为溞状幼体，在水温 27～29℃时约需 48 小时，但特别要注意无节幼体各期的变化，尤其是最后两期很重要，如果不小心，当幼体已转变为溞状幼体时忽略投饵，幼体会很快死亡，判别无节幼体各期，一般在显微镜下观察其尾端的刚毛。第一期至第二期都是 1 支刚毛，第三期 3 支，第四期 4 支，第五期 6 支，第六期 7 支（图 8）。若腹部已向后延伸，可用肉眼观察，一般是无节幼体第五、第六期，应准备投饵。

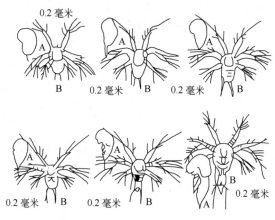

图 8　无节幼体 1～6 期

幼体强壮与否，关系到育苗的成败。健壮的无节幼体活动在水体的上、中层，对强光线反应灵敏，游泳活泼，体表干净，刚毛笔直整齐无畸形，体色微呈乳白色；不健康的幼体趋光反应滞缓，活动在中、下层，肢体粘脏物，划水无力，尾棘弯曲或畸形，上浮集中时水体呈微红色，静止时身体侧位或腹面向下。

2. 溞状幼体（Z）培育

从溞状幼体—糠虾幼体（M）—仔虾（P）的培育。水温为 $28 \sim 32 \, ℃$，从 $Z_1 \sim P_{12}$ 通常是逐渐升温。充气量，$Z_1 \sim P_{12}$ 由微弱充气逐渐增大至强沸腾状。光照强度，$Z_1 \sim P_{12}$ 可弱光至强光，$Z_1 \sim M_3$ 通常为 $200 \sim 20000$ 勒。

溞状幼体开始摄食一些浮游植物，此时角毛藻或骨条藻的浓度为 $10 \times 10^4 \sim 20 \times 10^4$ 细胞/毫升，每日投喂 3～6 次，如果培养的藻类不够溞状幼体摄食，可投喂对虾开口料。摄食情况是否良好，可根据其尾部是否"拖粪"来判断。如果未拖粪，应及时检查是否饵料不足或水质恶化，采取增加投饵量或换水等措施。溞状幼体活动于水体上、中层，趋光性较无节幼体强。体表干净、刚毛直、游泳时翻转灵活、尾部拖粪等为健壮幼体。如果幼体对光线反应不灵敏、肢体粘附颗粒团、腹部萎缩、头胸部与腹部交界处变得透明则健康欠佳。

溞状幼体分头、胸、腹三部分，有1个大的模糊的背甲覆盖着躯体的前部。背面圆形，前面中央有1个缺刻。在背甲遮盖下，有1对复眼。

溞状幼体Ⅱ期可见眼柄，额角上出现1对叉形眼窝刺，背甲已覆盖到胸部，但未完全遮盖。第三对水颚和第五对胸肢出现，腹部分6节，尾叉没有与第六腹节分离，尾刺7根不变。

溞状幼体Ⅲ期在腹节上有刺和出现分叉的附肢。腹部分6节，尾节与第六腹节不同；前5节的每一节，在后部边缘有一根背刺。有1对分叉的附肢存在。

溞状幼体1～3期外形见图9。

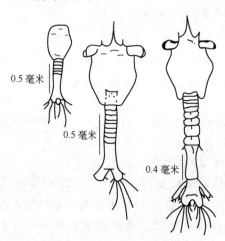

图9　溞状幼体1～3期

3. 糠虾幼体

溞状幼体经3～4天，脱皮3次后，就成为糠虾幼体（图10）。

此期虾苗的游泳姿态特异，经受一次根本的变化，成了小虾的外貌。头尾朝下而呈一直角弯曲状，然后身体一张，虾体则向后反弹跳跃游动；体长3～4毫米。虾幼体的适应力强，存活率较溞状幼体为高，环境适宜、饵料充足，3～4天即可进入仔虾期。

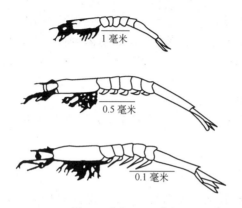

图10　糠虾1～3期

　　糠虾幼体饵料以刚孵出的丰年虫为主，辅以其他浮游动物，如轮虫、枝角类、桡足类等，初期尚需投些角毛藻，以供未蜕皮的溞状幼体摄食。

4. 仔虾

　　糠虾幼体经3次蜕皮后，即进入仔虾第一期（P₁）。此时体长约0.5厘米，其外形与成虾相似。P₁以后，依其成长日期数而称为P₂、P₃、P₄……（图11）。在此期间水深需逐渐加深，充氧也

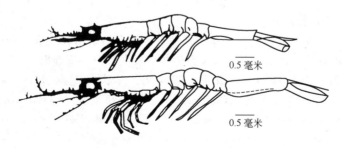

图11　仔虾期

需加强。P_5 后开始进入底栖或倚壁生活，腹足成为主要的游泳器官。喜欢附着于池壁或池底。一般养至 $P_5 \sim P_8$ 的仔虾已不畏强光。此时可移入室外水泥池养殖。

四、幼体培育的生长发育

1. 生长发育

在水温 $28 \sim 32$℃、饵料充足、幼体生长发育良好时，从 $N_1 \sim Z_1$ 需 $30 \sim 40$ 小时，$Z_1 \sim M_1$ 需 $3.5 \sim 4.5$ 天，$M_1 \sim P_1$ 需 $3 \sim 4$ 天，$P_1 \sim P_6$ 虾苗需 $9 \sim 12$ 天。

2. 幼体活动

N 为间歇划动；Z 为爬泳状游动；M 为倒吊弓弹运动；P 为水平游动。

3. 幼体的饵料

育苗期的饵料主要为单体角毛藻、骨条藻、扁藻、卤虫无节幼体、轮虫和枝角类。投饵量根据幼体的摄食、活动、生长发育、数量和水中饵料生物、水质等情况加以调整。$Z_1 \sim Z_3$ 以滤食为主，投喂角毛藻或骨条藻，密度 $10 \times 10^4 \sim 20 \times 10^4$ 细胞/毫升，投喂 $3 \sim 6$ 次/天，投喂配合饵料 $0.5 \sim 1.2$ 克/立方米，投喂 6 次/天。$M_1 \sim M_3$ 投喂角毛藻、骨条藻，密度 $10 \times 10^4 \sim 20 \times 10^4$ 细胞/升，投喂 $3 \sim 6$ 次/天，投喂配合饵料 $1.2 \sim 2.5$ 克/立方米，投喂 6 次/天，投喂卤虫无节幼体 $6 \sim 20$ 个/（天·尾），分 $3 \sim 6$ 次投喂。$P_1 \sim P_2$ 投喂角毛藻或骨条藻，密度 $2 \times 10^4 \sim 10 \times 10^4$ 细胞/升，投喂 $3 \sim 2$ 次/天，也可以不投喂 $P_1 \sim P_{12}$ 投喂配合饵料 $2.5 \sim 4$ 克/立方米，投喂卤虫无节幼体 $20 \sim 100$ 个/（天·尾），分 $3 \sim 6$ 次投喂。

经过全球的对虾育苗实践，从营养成分、易培养程度，在对虾幼体的几十种微藻和动物性浮游生物饵料生物中，筛选出 $5 \sim 6$ 类规范性的对虾幼体饵料，其中微藻类为：牟氏角毛藻（*Chaetoceros mulleri*）、纤细角毛藻（*Ch. gracilis*）、钙质角毛藻（*Ch. cakitrans*）、中肋骨条藻（*Skeletonema costatum*）、卤虫幼体（*Artemia salina*）、褶皱臂尾轮虫（*Brachionus plicatilis*）、裸腹蚤属（*Moina*）（陈怡飚，2002）。试验表明，这些饵料不但可以在人工条件下大量培养，而且它们的身体大小适应幼体口器、营养全面、摄食后成活率高、发育正常、抗逆能力强。

4. 幼体的摄食

幼体摄食正常时，胃肠充满食物，肠蠕动有力。溞状幼体拖便，拖便长度为体长的 1～3 倍；糠虾幼体大部分（75％以上）拖便，拖便长度为体长的 0.2～0.5 倍。

5. 幼体的健康状况

不健康的幼体趋光性弱，活力差，胃肠中食物少，体表粘附脏物，附肢畸形，体色白浊、变红，甲壳无光泽，色素散漫不清晰，肌肉不透明，感染病原等。

6. 幼体疾病及控制

对虾幼体的疾病及死亡是育苗生产不稳定的重要因素之一，由于幼体期的病程很短，难以治疗，即使治愈，幼体也剩下不多，失去保留价值。因此，预防疾病的发生是关键。

（1）药物的使用　使用的药物应符合 NY 5071—2002 无公害食品　渔用药物使用准则的规定。

（2）育苗池及育苗器材的消毒　可用以下几种药物：1％～10％盐酸溶液，200～1000 毫克/升的福尔马林溶液，50～500 毫克/升高锰酸钾溶液，有效氯浓度 50～100 毫克/升的含氯消毒剂溶液等，用以浸泡、洗刷育苗器材及育苗池。消毒时间根据情况具体掌握。

（3）育苗的用水处理　可用砂滤海水后再进行消毒，也可用细菌过滤器过滤、紫外线照射、臭氧消毒剂等方法处理。

（4）科学使用防病的药物及微生物制剂　可适量施用土霉素、氟哌酸、大蒜、穿心莲等，以及二氧化氯、碘制剂、有益微生物制剂等防治病害，确保水环境良好和稳定。

五、虾苗出池的质量要求

（1）体长达 0.8～1.0 厘米以上、体色正常、甲壳光滑、附肢完整、健康、无畸形、活力强。

（2）经检疫部门检疫合格，为无特定病原（SPF）的健康虾苗方可出池。质量检验参照 GB/T 15101.2 中国对虾养殖苗种的规定。

（3）虾苗出苗前的驯化（淡化）。南美白对虾养殖前期养殖池的水温，一般比育苗池的水温低。而且大多养殖池的盐度也较低。因此，需要在仔虾期进行低温及低盐驯化。降温的驯化比较容易，只要停止加温，使水温缓慢下降到大致相同即可。

低盐度驯化，南方称为淡化，每天把虾池的盐度下降 3～5，每下降 1 个梯度要稳定 1～2 天后再逐步下降。当盐度降到 5 以下，改为每天盐度只下降 1，每下降 1 个梯度，应稳定适应 1～2 天后再降，直至和养殖池的盐度基本相一致。

六、虾苗计数与运输

虾苗计数常用容量法。常用塑料袋充气密封运输虾苗，每袋装海水 4～6 升，水温为 20～28℃。每袋装虾苗（体长 0.8～1.0厘米）8000～15000 尾。注纯氧 8～12 升，运输时间在 8～12小时。

第四节　南美白对虾的
遗传育种

一、对虾育种现状

对虾养殖在海水养殖业中占有重要地位。目前，对虾遗传育种的目标主要集中在生长速度和抗病力两个方面，特别是针对地区性的特定病原引发抗特定病原优良品种的培育工作表现突出（表1）。

随着基础生物技术的发展，越来越多的分子方法，例如质谱、双相电泳、基因克隆、单克隆抗体等，运用到对虾的遗传学、组织学、分子生物学、细胞生物学研究中，加快了对虾遗传育种工作的步伐。南美白对虾在种群遗传结构和遗传多样性、数量遗传学、功能基因组学、选择育种以及转基因育种等方面都取得了较大的进展。同时，其他主要对虾养殖品种的遗传育种工作也取得了突破。

表1　世界各国和地区对虾选育概况

国家/地区	起始年代	对虾品种	选育方法	选育内容和进展
中国	1997	凡纳滨对虾/中国对虾/日本对虾/斑节对虾	传统方法/分子辅助	生长速度快和抗 WSSV 强品种
美国	1995	凡纳滨对虾	分子辅助	抗病毒、寄生原虫品系明显生长优势的品种
澳大利亚	1994	日本对虾/凡纳滨对虾/斑节对虾	分子辅助	生长速度提高11%
泰国	1991	斑节对虾	传统方法	SPF 和生长速度
哥伦比亚	1998	凡纳滨对虾	传统方法	抗 Taura 病毒养殖生产恢复生产
委内瑞拉	1998	蓝对虾	传统方法	抗 IHHNV 蓝对虾品牌
法国	1992	凡纳滨对虾/蓝对虾	累代驯化	生长率、抗 IHHNV 家系
厄瓜多尔	1998	凡纳滨对虾	自然选择	抗 Taura 病毒

二、南美白对虾遗传学

南美白对虾生长快，抗环境变化能力强，对饵料的要求低，肉味鲜美，出肉率高，成为世界上公认的优良养殖对虾品种之一。南美白对虾自1998年从美国夏威夷再次引进到中国华南地区，并相继突破集约化防病养殖和全人工繁育技术以来，已成为中国海水养殖动物中发展最快的一个种类，其养殖产量已达到中国养殖对虾产量的80%～90%。然而，目前中国的南美白对虾亲虾多数直接从虾塘挑选，造成品质参差不齐，抗病力下降，生产周期延长，严重制约了中国南美白对虾养殖业持续健康发展。我国对虾的遗传育种工作起步较晚，基础较差，但近年来由于各种生物技术应用于对虾的遗传学和育种研究，研究步伐明显加快。

1. 基因组和染色体数目

细胞遗传学是进行遗传育种的基础，对虾细胞遗传学研究最早是 Carnoy 报道了褐虾的染色体。到目前为止，已报道的对虾属虾类共有12种，染色体数目变化范围较小，多数对虾二倍体数目为88，少数为92，其中南美白对虾染色体数目尚有争议。1982年，Mayorga 报道南美白对虾染色体数目为 $2n=92$，后来 Chow 发表的研究表明凡纳滨对虾染色体数目为 2n＝88，同时 Chow 用流式细胞仪测定了南美白对虾的基因组大小，大约是人类基因组的 70％。最近，邱高峰等统计了南美白对虾的有丝分裂染色体数目（2n）和减数分裂二价体数目（n），报道南美白对虾染色体数目为 2n＝88，与 Chow 等研究结果相一致。

2. 数量遗传学

许多具有重要经济价值的遗传性状，如生长速率、体质量、抗逆性、抗病性、饵料转化系数等，均为数量性状，由微效多基因控制。研究和改良数量性状是遗传学和育种的重要内容。但水生动物不像陆生动物，易受到很多条件的制约，如研究重要经济性状需要的大量亲本、明确的家系和相配套的养殖条件，现在，南美白对虾、斑节对虾（*Penaeus monodon*）、日本对虾（*Penaeus japonicus*）已经成功获得了大规模确定交配的家系，加快了特定选育目标的实现。估算遗传力大小对于选择育种具有重要指导意义。根据相关文献，由全同胞来估算对虾生长速度的遗传力是 $0.3 \sim 0.5$，为指导对虾生长性状选育奠定了理论基础。然而，南美白对虾经一代选育后，其生长力只有 4.4％，暗示估算遗传力受环境的影响很大，且估计值存在较大的标准偏差。南美白对虾有关数量性状的遗传力见表 2。刘小林等研究了南美白对虾形态性状（头胸甲长、体

表 2　南美白对虾若干性状的遗传力

遗传性状	发育阶段	遗传力	研究者
个体大小	前溞状幼体 I	$0.00 \sim 0.64$	Lester
	糠虾幼体 I	$0.00 \sim 0.18$	
	后期幼体 I	$0.15 \sim 0.36$	
生长速率	早期稚虾(冬季)	0.53 ± 0.27	Lester
	后期稚虾(冬季)	0.60 ± 0.25	
	后期幼体(春季)	0.35 ± 0.17	
	后期稚虾(春季)	0.05 ± 0.06	
体质量	成虾	0.42 ± 0.05	Carr 等
	成虾	0.45 ± 0.01	Fjalestad 等
	成虾	0.50 ± 0.13	
抗 TSV		0.22 ± 0.09	Fjalestad 等
抗 WSSV			何建国 等

长、头胸甲宽、尾长等）与体质量之间的关系以及对体质量的直接影响大小，通过形态性状的选择达到选种目的。

3. 群体遗传学和遗传多样性

（1）蛋白质水平　从 20 世纪 70 年代开始，蛋白质电泳技术被用来研究对虾的同工酶、等位基因酶等蛋白质多态性。Perez-Farfante 等利用同工酶技术对对虾属进行分类，将该属分为美对虾亚属（*Eropenaeus*）、滨对虾亚属（*Litopenaeus*）、沟对虾亚属（*Melicertus*）和对虾亚属（*Penaeus*）4 个亚属。同时，许多专家对不同地理居群南美白对虾的生化遗传差异及群体遗传结构进行比较研究，发现对虾遗传变异性较低，地理差异较小，杂合度较低，十足目平均杂合度为 0.048。Cariolou 等通过双相电泳技术获得了南美白对虾雌虾的特异蛋白质电泳图谱，认为编码蛋白质基因的不同表达的结果。随着养殖业的发展，从 80 年代开始，一些大型养殖场开始建立封闭的养殖群体，这些群体不再引进大量野生对虾。封闭群体的建立有利于对虾的遗传育种研究，但是出现了对虾群体的严重近交现象。因此，许多研究者利用等位基因酶技术检测南美白对虾养殖群体遗传多样性和封闭群体的有效大小。Sunden 等对南美白对虾 3 个分别来自墨西哥、巴拿马、厄瓜多尔的野生群体和 1 个自从 1983 年封闭养殖群体的 26 个基因位点进行了比较研究，发现野生群体和封闭养殖群体的杂合度都比较低，平均为 0.017。与野生群体相比，封闭群体杂合度没有显著降低，只是等位基因数目减少，故封闭群体仍然保持显著的有效大小。黎中宝、吴仲庆研究了养殖环境中的南美白对虾、日本对虾和刀额新对虾（*Metapenaeus ensis*）的等位基因的变化，发现它们在一些位点上杂合子缺失，杂合度降低，显著偏离 H2W 平衡（$P < 0.01$）。杂合子的缺失，对养殖业的可持续发展极为不利，将导致有些等位基因从基因库中消失，造成种群遗传多样性的降低。如何保持封闭群体的有效大小？在短期内应尽量增大基础群体的遗传多样性；从长远角度考虑，应该提供大量的亲本，防止后代近交。蛋白质电泳技术虽然反映了 DNA 水平的差异，但是它仅仅是对基因产物的分析，检测的是基因的表型。对于等位基因杂合度低、亲缘关系较近的对虾类，利用蛋白质电泳分析只能反映出形态上早已表现出来差异，难以测

定出遗传差异；而且要获得可靠的群体统计数据，必须检测大量样品。因此，难以为南美白对虾遗传育种提供有用的遗传标记。

（2）DNA 水平　随着以 DNA 为基础的分子标记和 PCR 技术的日益成熟，DNA 分子生物技术广泛应用于南美白对虾遗传多样性的比较、亲缘关系的分析、品系的鉴定以及连锁图谱的构建等。

mtDNA 作为核外遗传物质，其进化速度快，具有非重组变异和母系遗传的特点；且基因组很小，15～17kb，处于限制性内切酶的分析范围，便于进行限制性片断长度多态性分析，因此成为群体遗传结构和遗传分类的合适标记。Palumbi 等通过对 mtDNA 的12S 部分序列和细胞色素氧化酶 I 基因扩增、测序，发现形态上相似的南美白对虾和细角滨对虾存在很显著的分子差异。Baldwin 等利用 mtDNA 的 COI 基因部分序列的 PCR-RFLP，阐述了对虾属 6个亚属 13 个种的系统发育和演化情况，并不支持 Perez-Farfante 和 Kensley 于 1997 年以体外纳精囊作为补充分类依据修正的对虾属分类结果。Maggioni 等根据 16S mtDNA 的 PCR-RFLP 多态性，报道了大西洋西部的滨对虾属和美对虾属起源和演化，分析得出了桃红对虾属于美对虾属，与同工酶标记分析得到的结论一致。另外，Alcivar 等在进行不同遗传背景下（母本生长速度不同）的南美白对虾子代对 IHHNV 和 BP 易感性的研究中发现，当母本具有很低生长速度时，子代感染率很高。利用 mtDNA-PCR 技术分析子代，结果显示各子代的 mtDNA 单态模本相同，进一步研究发现各子代在不同生长发育时期，12S rRNA 的表达存在明显差异，预示着在复杂的核-质遗传体系中，南美白对虾个体生长速率和对疾病的易感性可能和 12S rRNA 的表达有关。

RAPD 是对基因组 DNA 序列多态性进行检测的一种简单可靠方法，无需了解遗传背景和进行特异引物设计，检测位点多，适合种内和种间的遗传检测。尤其 RAPD 技术对于分析缺乏 DNA 探针和分子遗传背景知之甚少、杂合度较低的虾蟹类基因组，具有其他同类技术难以比拟的优点，因而在南美白对虾的遗传多样性研究、遗传图谱构建和辅助标记育种等方面都有重要应用。Garcia 等利用RPAD 技术研究培育的南美白对虾家系，发现不同家系产生不同的电泳图谱，认为 RAPD 标记作为南美白对虾家系培育过程中的不同家系特征分子标记的潜力很大，有利于加快南美白对虾纯系的建立。Gullian 等从野生健康南美白对虾的肝胰腺中提取了 3 种益生菌（弧菌 P62、弧菌 P63、杆菌 P64），利用 RAPD 技术检测了它们在养殖南美白对虾中的定居百分数。使用这 3 种菌的南美白对虾组体质量明显比对照组高（$P<0.05$）。

微卫星 DNA 又称简单重复序列，一般以 1～5 个碱基为一单元的重复序列，在整个基因组上高度多态且比 RFLP 和串联重复序列（VN TRs）更随机分布。对近缘种和地理分布范围缩小的物种的遗传变化敏感，也适合于检测长期养殖群体的遗传变化。南美白对虾微卫星具有高频多态性，136 对引物对其扩增，结果显示有 93 对具有多态性，所得多态性信息量为 0.195～0.873，杂合性 10%～100%。Bagshaw 等报道了南美白对虾一个新微卫星 DNA 位点，在南美白对虾基因组里大约有 10^6 拷贝，用其作探针检测对虾属其他虾类，发现只有龙虾、小龙虾基因组中出现。

随着分子生物学技术特别是基因克隆技术的不断发展，cDNA 文库筛选方法亦被广泛应用于甲壳动物基因的克隆和测序。在重要功能基因筛选与克隆方面，抗病与免疫相关功能基因的筛选与应用正成为国际上的发展趋势。美国开展了凡纳滨对虾的功能基因组研究，建立相关组织的 cDNA 文库，测定了数千个 EST（表达序列标签技术）序列，还应用获得的 EST 制备了 cDNA 文库微阵列，用于筛选病毒应答基因。Le Chevalier 等从凡纳滨对虾的消化腺 cDNA 文库分离了 α-糖苷酶 cDNA，具有 2830 个碱基，包含一个编码 919 个氨基酸的开放阅读框，与人类溶酶体酸性 α-葡萄糖苷酶、麦芽糖酶、葡糖淀粉酶表现出很高的相似性，推测可能是糖基水解酶家族 31 号。Sellos 等从凡纳滨对虾肝胰腺 cDNA 文库中分离了血淋巴中的血蓝蛋白，其多态性很低，与 Panulirus interruptus 非常相似，暗示在节肢动物进化过程中，血蓝蛋白具有很强的独立性和保守性。Francisco 等从凡纳滨对虾血细胞 cDNA 文库中筛选到 6 种编码甲壳素酶的 cDNA，根据核苷酸序列不同分为两种类型，所表达出的甲壳素结构与具有 WAP 蛋白家族功能域的抗菌肽相似，推测可能和抗病有关。

三、南美白对虾育种学研究

1. 选择育种

选择育种作为一种传统而有效的育种手段在陆生作物中取得了显著成绩。水产养殖业由于受到环境的制约，选择育种迟迟没有得到很大的发展。南美白对虾人工育苗的成功为其开展选择育种提供了可能。同时，对虾世代时间短，生育力高，都有利于选择育种的开展。Lester 等提出了以同工酶结合形态测定为基础进行亲本选择的对虾遗传育种方案，强调维持养殖群体的有效大小，避免随机漂变和近交衰退。Argue 等对南美白对虾生长力和抗 TSV 进行了研究，经一代选择体质量比对照组提高 21.2%，对于挑选 70%抗 TSV 和 30%高生长速率的南美白对虾，经一代选择，成活率比对照组提高了 18.4%。在南美白对虾家系选育过程中，发现生长迅速的个体 mtDNA 的 COI 基因与生长缓慢的个体的 COI 基因序列不同，证明 DNA 序列的组成差异可以作为数量性状特征分子标记，为以后的遗传选育工作奠定了良好的基础。

2. SPF 和 SPR 苗种的培育

随着对虾养殖业的发展，越来越多的疾病严重威胁着全球对虾的产量。从长远角度来说，面对多种流行病，唯一能够保持对虾产量的方法是无特定病原（SPF）和抗特定病原（SPR）品系的建立。美国早在 1982 年制定的海产对虾养殖虾计划，是最早的养殖对虾遗传选育计划，选育对象包括南美白对虾、斑节对虾等几种主要养殖对虾。利用 RFLP、RAPD、微卫星 DNA 等技术对南美白对虾、斑节对虾的遗传多样性及种群遗传结构进行研究，用于指导高健康对虾和无特异病原虾 SPF 的系统选育。Wolfus 等也将微卫星标记应用于南美白对虾的养殖选育计划，确定了 23 个种群特异性标记探针，为高健康虾品系选育及监测种系内遗传变异程度提供了理论依据和指导。Emmerick 等利用 nest-PCR 技术报道了南美白对虾的 IHHNV 流行病学，确定 IHHNV 经由母体垂直传播，得到了无 IHHNV 病原的（IHHNV-FREE）的南美白对虾亲虾，因而无节幼体数量和质量大幅度提高。

四、我国南美白对虾新品种

1. 南美白对虾"中兴1号"

南美白对虾种质 2002 年引自美国夏威夷海洋研究所，挑选其中外表无伤痕、无畸形、并经 PCR 抽检 WSSV 呈阴性的亲虾，用作下一步的选育工作。引进的南美白对虾，具有生长快、饲料蛋白需求量低、适于集约化养殖特点，并可全人工繁育，连续传代。在此基础上，开展了 5 代家系选育，最终获得了对 WSSV 抗性强的"中兴1号"。

"中兴1号"具有抗性强、成活率高等养殖特点，形态特征明显，头胸甲宽大于头胸甲高，体型粗壮。

2. 选育关键技术

(1) 每个家系建立，从亲虾产卵、幼体孵化、苗种培育到养成阶段都要严格隔离，以保证每个全同胞家系的纯正。

(2) 每个家系在养殖到 0.5 克左右时，随机抽取 100 尾对虾进行荧光标记，混在一起进行养殖，进行抗 WSSV 性能测试和生长性状的对比测试，以消除环境对性状的影响。

(3) 形态学特征，在符合南美白对虾诸多的形态特征中，本研究特别着重头胸甲宽和头胸甲高的比例，研究发现这一特征与抗病评价指数相关。

3. 养殖情况

南美白对虾"中兴1号"主要在我国海水及咸淡水的可控水域养殖，主要集中在华南地区。

(1) 广东恒兴饲料实业股份有限公司养殖结果

① 2011 年养殖结果。2011 年 4 月 7 日，选择了 3 口 2 亩池塘的试验塘，相同条件下放养同批次孵化虾苗，其中，301 池和 309 池放养未经选育亲虾繁育的子代，305 池放养"中兴1号"，放养密度均为 10 万尾/亩。养殖过程中采取同样的管理措施，每 10 天测量 1 次体重和体长。根据结果可以看出，"中兴1号"的生长方面要远快于未经选育亲虾繁育的子代，养殖 100 天后，"中兴1号"对虾体重比 309 池未选育亲虾繁育的子代增重 55.7%，比 301 池增重 81.5%（图 12）；"中兴1号"体长比 309 池对虾增长 26.9%，

比 301 池对虾增长 39.7％（图 13）；"中兴 1 号"抗应激能力也强
于其他未选育亲虾繁育的子代。将 3 口池的虾苗分别标记不同的颜
色，设置两个重复组，混在一起养殖 1 个月，有投喂方式进行感
染，结果可见，"中兴 1 号"虾苗的抗病评价系数为 0.934，分别
比 301 池对虾的 0.651 和 309 池对虾的 0.506 高出 43.5％和
84.6％，同时阴性对照组没有死亡（图 14）。

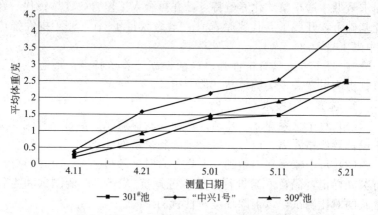

图 12 "中兴 1 号"与未选育亲虾繁育的子代
（301 池和 309 池）虾平均体重比较

② 2012 年养殖结果。南美白对虾进口亲虾繁育的子代、"中
兴 1 号"南美白对虾苗和未选育亲虾繁育的子代虾苗对比养殖 11
口池，其中 1 亩虾池 3 口，每种虾苗各 1 口，放苗密度 24 万
尾/亩；2 亩虾苗 3 口，每种虾苗各 1 口，放苗密度 12 万尾/亩；
10 亩虾塘 5 口，南美白对虾进口亲虾繁育的子代 1 口，"中兴 1
号"南美白对虾苗 1 口，未选育亲虾繁育的子代虾苗 1 口。

检查了 5 口池，其中，虾池 12A 为进口亲虾繁育的子代，4 月
3 日投苗 24 万尾；虾池 12B 为"中兴 1 号"南美白对虾苗，4 月 1
日投苗 24 万尾；虾池 12C 为未选育亲虾繁育的子代虾苗，4 月 1
日投苗 24 万尾；虾池 3# 为"中兴 1 号"南美白对虾苗，4 月 10
日投苗 80 万尾；虾池 6# 进口亲虾繁育的子代，4 月 8 日投苗 80
万尾。

从养殖结果看，"中兴 1 号"南美白对虾的成活率比进口亲虾

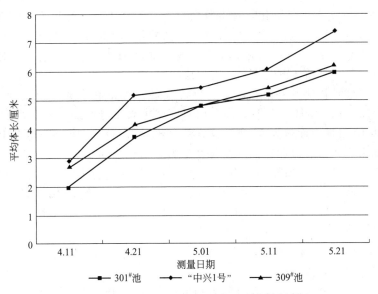

图 13　"中兴 1 号"与未选育亲虾繁育的子代
（301 池和 309 池）虾平均体长比较

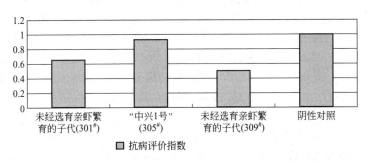

图 14　"中兴 1 号"与未选育亲虾繁育的子代
（301 池和 309 池）虾抗 WSSV 评价指数比较

繁育的子代和未选育亲虾繁育的子代分别高出 30.3％和 24.7％，虽然由于密度原因，规格小于进口亲虾繁育的子代和未选育亲虾繁育的子代，但产量分别高出 20.7％和 9.3％。由于 WSSV 感染，2#未选育亲虾繁育的子代养殖 45 天被迫排塘。

（2）2012 年南美白对虾"中兴 1 号"在广西、广东的试养情况 2012 年 5 月下旬，对南美白对虾"中兴 1 号"开展养殖情况调查（包括广西、广东 20 几个县、镇的养殖密集区），共调查"中兴 1 号"苗种 1342 万尾，其中，成活率为 81.2%；未选育亲虾繁育的子代虾苗 19976 万尾，养殖成活率 38.3%。

（3）福建龙海市顺源水产科技有限公司养殖效果 2012 年 4 月 13 日、14 日、16 日，南美白对虾"中兴 1 号"虾苗 640 万尾，共 10 口塘，面积为 80 亩，放养密度 8 万尾/亩。4 月 16 日，以相同密度放养进口和二代虾苗各 2 口塘，面积各为 10 亩，放苗量各为 80 万尾。养殖期间"中兴 1 号"有 2 口塘发病排掉，而进口虾苗全部排掉，二代苗排掉 1 口塘。经过 90 天的养殖，"中兴 1 号"和二代虾规格分别达到 32.7 头/斤和 34.2 头/斤，成活率分别为 67.8% 和 31.4%，平均亩产量分别为 1619.6 斤和 452.3 斤。养殖"中兴 1 号"和二代相比成活率高，抗应激能力和抗病力强，生长速度快于二代苗。

（4）海南昌疆南疆有限公司养殖效果 2012 年 4 月 5 日至 4 月 9 日，放养南美白对虾"中兴 1 号"1200 万尾；同时放养进口虾苗 504 万尾和二代虾苗 360 万尾。4 亩塘/口规格虾池："中兴 1 号"（放苗 16 口）、进口虾（放苗 6 口）放苗密度 12 万尾/亩，经过 95 天的养殖分别达到 39 尾/斤、45 尾/斤，平均亩产量分别为 1807 斤、1634 斤，成活率分别为 64.3%、52.1%。，"中兴 1 号"成活率比进口苗高出 22.2%，饵料系数分别为 1.18、1.35，比进口苗降低 12.6%。6 亩塘/口规格虾池："中兴 1 号"（放苗 6 口）、进口虾（放苗 3 口）和二代虾（放苗 5 口）放苗密度 12 万尾/亩，经过养殖 98 天左右分别达到 46 尾/斤、48 尾/斤、52 尾/斤，平均亩产分别为 1734.7 斤、1658.5 斤、976.8 斤，成活率分别为 68.2%、57.5%、48.1%，"中兴 1 号"比进口苗和二代苗高出 9.7% 和 20.1%，饵料系数分别为 1.22、1.38、1.53，降低 11.6%、20.3%。

4. 南美白对虾"科海 1 号"

南美白对虾"科海 1 号"是以 2002 年从海南和广东等地的 14 个养殖基地收集的，从夏威夷引进并繁养 4 代的南美白对虾养殖群体构建的育种基础群体，以生长速度为主要选育指标，经过 7 代连续选育而成。

5. 南美白对虾"中科 1 号"

南美白对虾"中科 1 号"是先后从美国夏威夷、佛罗里达州引进 2 个 SPF 群体和从国内获取 8 个亲本来自佛罗里达和迈阿密的养殖群体，共 10 个基础种群。经过 2 代群体选育筛选，淘汰 3 个遗传背景不清和留种不足，获得 7 个核心繁殖群体。再经过 5 代家系选育，获得的新品种。

6. 南美白对虾"桂海 1 号"

南美白对虾"桂海 1 号"是 2005 年广西水产研究所从国外引进了 5 个地理种群血缘的南美白对虾群体，经过 6 个世代的连续选育而成的高产新品种。

五、我国其他对虾新品种

1. 中国对虾"黄海 1 号"

自 1997 年开始进行中国明对虾快速生长养殖新品种选育的研究，到 2003 年成功选育到第 7 代，并培育出"黄海 1 号"中国明对虾养殖新品种。

2. 斑节对虾"南海 1 号"

培育斑节对虾"南海 1 号"的基础群体，由我国南海海南岛三亚、临高、文昌和泰国南部普吉岛海域野生斑节对虾组成，其中，三亚野生亲虾 177 尾（雌 121 尾，雄 56 尾），临高野生亲虾 154 尾（雌 106 尾，雄 48 尾），文昌野生亲虾 163 尾（雌 112 尾，雄 51 尾），泰国南部普吉岛野生亲虾 178 尾（雌 116 尾，雄 62 尾）。

第四章 南美白对虾健康养殖技术

进入 21 世纪以来，对虾养殖面临许多现实问题的困扰，如虾病问题、环境问题、种苗质量问题以及市场潜力问题等。多年来一直肆虐国内外对虾养殖的流行性病毒病害，迄今为止尚无高效专一的药物可治。目前，国内外水产养殖专家及养殖业者都达成共识的有效防治虾病的途径是建立高健康对虾养殖系统（HHSS），也就是当今提倡的无公害健康养殖。该系统将健康的无特定病原（SPF）的亲虾选育与 SPF 苗种的培育、养殖环境的综合调控、高效优质饲料营养的使用及病害的科学防治等有机地组合在一起，构成了健康养殖综合系统工程，从而有效地控制和预防了病毒病的发生，实现了对虾养殖业的持续发展。近年来，华南地区引进的 SPF 南美白对虾养殖取得了成功，并已在我国从南到北掀起了南美白对虾养殖的高潮，南美白对虾成为当前我国内地对虾养殖的重要品种，引起人们的广泛关注。

我国的对虾养殖在经历了 1982～1992 年的快速发展阶段和 1993～1994 年的急剧衰退阶段之后，在各级政府和有关科研、高校、生产部门的共同努力下，近年来开始走上健康发展的道路，尤其是华南沿海的广东、海南、广西三省区的南美白对虾养殖已步入正轨。从整体发展的角度而言，我国的养虾业经历了兴旺、发展、衰退、复苏的过程。从整体的养殖发展来看，必须制定科学的对虾养殖规划，建立健康养殖系统，提高虾农科技素质和养虾的科技含量，提高养殖技术水平。这已经成为对虾养殖发展的必然方向。

为此，各级政府一定要因地制宜，根据不同的地理环境条件，做好统一规划，千万不可乱挖地建池塘，最好请专家论证开发，要适合本地区的特点，对健康养殖系统进行统筹安排，切实树立保护海洋环境的科学观，才能取得养虾成功，以获得社会与经济效益。

现把国内外的养殖模式综合为以下几种。

第一节 对虾养殖模式

一、粗放养殖模式（Extensive Culture）

这是一种传统的养虾技术，面积从几百亩至几千亩，是不规则的海边池塘。我国北方称为港养，水深浅不一，池塘凹凸不平。福建称海港养殖，广东称为鱼塭养殖。在东南亚国家是一种较普遍的养殖方式，设施很简陋，通常在潮间带建筑堤坝，但较矮小，抗风浪能力差，水深大多在 0.5～1 米，有进、排水阀门。不清池除害，根据当地鱼虾苗出现的时间和繁殖季节，利用进水和排水纳鱼虾苗，养殖过程不施肥、不投饵，完全依靠水域天然生产力，达到生态平衡，提供产品。因天然水域生产力较低，加之敌害生物危害，故产量很低。近年来，由于海洋环境恶化，这种养殖方式已逐渐发展为池塘式养殖。目前在珠江三角洲尚有一些鱼塭，为提高产量，有些已逐步改良为规范化养殖，如珠海市金湾区的鱼塭一开始清塘消毒并放养少量鱼苗和斑节对虾苗，可提高产量，但这种养殖方式适宜养殖南美白对虾和蓝对虾。

二、半精养模式（Semi-intensive Culture）

半精养模式又称为人工生态养虾法或群落养虾法，是在粗养基础上发展起来的，水域环境条件要比粗养好，经过清塘除害，施肥繁殖饵料，合理放苗，适时收获。该模式投资少，东南亚国家每个半精养虾塘面积为 15～30 亩，水深 1 米左右，沟到水面的深度为 1.5～2 米，我国北方多为此养殖模式，它具有如下特点：①虾池建在海湾滩涂，利用潮差纳水和排水；②虾池连片，少则千亩，多则几万亩，排水、进水交融，在养虾区已形成富营养化和相对独立的生态环境；③养殖池过大，一般在 20 亩以上。由于依靠潮差纳水和排水，很多养殖池存在不易晒干和彻底清塘，长时间养殖会导致环境恶化，病原种类和数量显著增加，再加上海湾因养虾大量投饵造成富营养化，易发生细菌病。

因虾塘连片，又是泥底或沙泥底，长时间的养殖，会出现蟹类大量繁生和其他有害生物，蟹类携带的 WSSV 易传染给养殖对虾，导致养殖对虾暴发 WSSV 病。

由此可见，虾池建在海湾内的传统式的低潮纳排水式的养殖模式易患细菌病和 WSSV 病，这种养殖模式的改造问题有待于进一步研究。主要的问题：一是虾池连片，一个虾池暴发 WSSV 病，如果管理不善，会导致整片虾池暴发 WSSV 病；二是已经形成的 WSSV 的媒介生物，尤其是蟹类很难消除，难以杜绝 WSSV 病；三是虾池难以彻底清塘晒干，细菌病也易暴发。

该类养殖模式在我国养虾仍占有主要地位，只要按照配套养殖措施进行操作和管理，不违反规范操作，仍然可以养殖成商品虾。有条件的应逐步改造为精养池。

三、精养模式（Intensive Culture）

现将近年来在广东省湛江地区以小面积池塘精养的几种养殖模式的成功经验介绍如下，供参考。

1. 提水高密度养殖模式

提水高密度养殖模式在我国华南沿海称为高位池养殖，最早建于台湾省，后在泰国得到普及和应用。高位池养殖近几年在广东、广西、海南得到迅速发展，并已推广到北方青岛以及江浙沿海。该模式是一种集约化的养殖模式，投资大、产量高、病害少、养成率高，主要有以下几个特点。

（1）养虾池建在距海边约 80～100 米或更远一些，直接面向大海，虾池高出海平面 4～6 米，养殖池易于排水晒塘和消毒，底质保持良好，不易发生细菌病。

（2）水池护坡和沙底二者决定了养虾池不易螃蟹寄居，因而减少 WSSV 感染机会。

（3）沙底、地膜防渗加沙底或地膜底可保持良好的对虾栖息的底质。

（4）从海里提水养虾不受天气影响，可全天进水和排水，有利调节水质和控制病害的发生。

（5）高密度，一般每亩放养虾苗 5 万～8 万尾，养殖 110 天，每千克 50 尾，亩产量 1500 千克，取得较好的经济效益。

（6）随着虾体增大而增加增氧机台数。

（7）有淡水资源可经常添加淡水来控制和稳定养殖水体的盐度，或增加海水过滤设备，预防病毒的水平传播。

由此可见，提水式高密度养殖模式，基本上可控制 WSSV 的传染源，切断 WSSV 的传染途径。

2. 封闭或半封闭式过滤海水养殖模式

在没有淡水资源的地区，采用一次性纳入养殖池所需海水，消毒海水后养殖对虾。这种养殖模式前提条件是，无论是高密度养殖还是低密度养殖，一定要有充分的氧气，在充气过程中最好能把残饵、对虾排泄物和死亡藻类等通过充气环流集中到虾池的中央区。在虾池周围形成较大的洁净水域，给对虾提供优良的生活空间。在养殖 60 天后可逐渐添加已消毒的海水，以改良水质，促进对虾的生长。这种养殖方式，一方面可切断海水中 WSSV 的传播途径，另一方面通过使用增氧机充气确保水质不恶化，降低水体中的有害物质，从而控制 WSSV 的暴发。

四、地膜养殖模式

使用佛山塑料集团股份有限公司经纬分公司研制的虾池专用防渗土工膜，该地膜是当前水产养殖最为理想的选择。铺防渗地膜养殖模式具有以下特点。

（1）可以有效控制 WSSV 的暴发流行，地膜可以完全隔绝虾池与周围环境，切断病源，使对虾不易发生细菌病。

（2）可以进行高密度养殖，若虾池水深达到 2.4 米以上，配备直流式增氧机，结合中间处理水排污，适当换水，效果更理想，每亩放虾苗 8 万尾左右，养殖周期 100 天，亩产 1000～1500 千克，每千克 50 尾虾。

（3）清塘消毒，可节省不必要的开支，包括药物和人工费用。在收虾后用水龙头冲洗后日晒即可。

（4）可以养成无公害安全食品，该模式在养殖全过程采用有益的微生物制剂，保持养殖的生态平衡，提高对虾的免疫力和抗病力。

五、过滤和净化海水防病养殖模式

该模式是由中国科学研究院南海水产研究所胡超群研究员开发，该系统在工程设计、建造以及养殖技术管理方面都与传统的养虾模式有显著不同。该系统以自然海水为养虾水源，对海水水源进行过滤或净化处理后用于对虾养殖，养殖系统产生的废物通过特别设计的膜底池塘，中央排污系统等设施随时排出系统之外，排出的废物经过适当处理再排入大海。

该系统是一个相对开放的养殖系统，具有随时可调节和交换水源能力，养殖废物不会在养殖系统中累积，废水处理成本相对低廉。该系统能有效预防病害的发生，也有利于保证对虾的品质。

该模式的特点如下。

（1）建立水源过滤处理与贮存系统　这是对虾防病的第一措施。根据虾场及海滩自然条件选址，可采用井式或贮水池式过滤系统。前者是直接在海滩上建造"过滤井"；后者是把过滤水蓄存于贮水池中供养殖用水。工程设计要保证有足够的水量供应。

（2）修建高标准地膜底池塘　作为虾塘设计的第二关键措施，适合中央排污系统和进排水系统的建造。池塘配备大量的增氧机，使污物向池中央集中，通过设置在池中央的排污管道排至池外的处理池，保证虾池良好的水质环境。虾池设计为圆形或方形圆角池，方形圆角池有利节约土地，但排污不及圆形理想。高标准膜底池塘面积以 3～5 亩为宜。

（3）建立养殖废水无公害排放系统　采用理化方法处理，如过滤、沉淀、吸附截留虾池废物。固体废物再经过生物净化，如海藻、有益微生物制剂、光合细菌净化技术处理后通过管道排入大海，保护海洋环境不受污染。

六、封闭式的海水再循环和零交换水养殖模式

养殖一造对虾只用一池水，也就是现在提倡的零交换水系统（循环用水）。整个养殖过程中池水除自然蒸发和吸底污损失一些水（采用井水补充）外，一律不补充海水的养殖模式，或称为循环生

态精养对虾模式，即虾池→接污池→沉淀池→水生生物沟→过滤池→有益细菌池→虾池。它不但是一个节水工程，也是一个不污染环境的无公害环保工程，可谓实实在在的环保模式（如图15）。

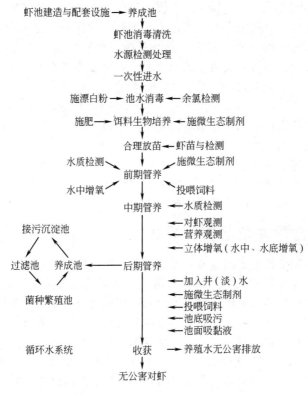

图15　循环生态精养模式技术路线图

该模式是以投放有益细菌来取代药物防治病害，养殖全过程绝对禁用药物。在细菌池设有细菌繁殖槽，以投放有益菌。过滤池滤出的清水利用压力差流入有益菌池，细菌槽内繁殖的有益菌，可抑制有害细菌及病害的发作。

循环水生态精养模式的虾池可建造在沿海无污染的泥沙或沙质荒滩地、盐碱池、沼泽地及适于养殖的沿海地区。在沿海陆地上用混凝土建成圆形的养虾池，虾池底及护坡可直接铺防渗膜材料（广东省佛山市双象牌防渗土工膜 19 克/平方米）。虾池面积以 1～3 亩为宜。池水深2～3米，池中央设一排污孔，池底平整，稍向中央排污孔倾斜2%左右，做到池底水可排干。在池底向排水方向埋设排污管道，若养殖日本囊对虾，池底可铺10厘米的砂层，下设置塑料排水管道。在沙层与排水管之间隔一层过滤网片。在池面上架一条进水管，利用水泵提取海水，通过管上的许多小孔喷水入池，形成环流。池中央设有中心排水系统，可使池水转圈流动，将粪便、虾壳、碎屑等旋至中央和池水一起通过筛网流入排水管排出池外。池水24小时内完全交换，换水量高的虾池每天可换水3～5次。这种循环水的虾池由于池深水质新鲜，可以进行高密度养殖。这种养殖模式是以一池水的反复循环利用养殖一池虾。

在养殖的全过程中，以多种微生态制剂调节水质和控制虾病，以达到养殖池的生态平衡，抑制病菌的繁殖；以（井）淡水或已消毒过的清洁海水补充水，不使用任何药物，实现"零"药养殖，达到优质、高产、高效益的养殖效果。

七、分段高位池养虾模式

为避免放养密度过高，尤其在养殖中后期因残饵、排泄物以及败坏的藻类等有机物的堆积而造成水质恶化或池底老化。1985年中国水产科学研究院南海水产研究所深圳南头渔业增养殖试验站将养殖期分成两段或三段，采用分段养殖的方法进行养殖。对中国明对虾进行标粗养殖及放流增殖试验取得很好的效果。当时向虾农进行推广认为此法很实际，可缩短养殖周期和保证成活率。当时采用虾苗放在1亩的虾池进行标粗至3～5厘米进行放流，另把一些标粗的虾苗放至5～8亩的虾池进行中间培育，每亩放16万尾养殖至8～10厘米放进最后养成池，每亩5万尾，养至每千克40尾左右的大虾。当从1亩的虾池再标粗移至中间培育时，就可以利用1亩的虾池再标粗，以此推移。此方式虾苗成活率高，生长快速，后来在省内推广，湛江地区称之为分级养殖。

这种模式是利用地势差建造一组三级（段）高位池，其中一级池为1亩，二级池为2亩，三级池为5亩。一、二级池位差1.5米，二、三级池位差1.8米。以管道相通，配增氧机、抽水机等设备，形成从高到低三级虾池相通的精养对虾的生产模式。分段养殖的优点如下。

（1）可以充分利用虾池的时间差。例如养殖池晒塘消毒期间，虾苗池即可先行中间培育（标粗），以便把虾苗标粗培育到3～4厘米，以便转入第二级池养殖，在第二级池养殖至7～8厘米便转入第三级池养殖至商品虾。

（2）池塘小，便于清塘，肥水及收捕作业，而且病害少，易管理。

（3）每一个养殖段养殖时间较短，可避免池底老化，大大减少池底污染。同时可进行多茬高密度养殖，养殖成活率高，达到大幅度提高单产，是种短、平、快的养殖模式，增加效益较显著。

八、半封闭淡化养殖模式（添加淡水养殖模式）

在有淡水资源的地区，无论是传统的潮差纳水式、半精养的半集约式或高位池养殖等各种模式，均应首先采用添加淡水养殖。具体做法是在养殖过程中，逐渐添加淡水，每次添加淡水时虾池的盐度变化幅度不要超过4。在高密度养殖时要保证氧气充足，添加淡水养殖模式的优点：①可切断从海水中的 WSSV 传播途径；②降低 WSSV 由潜伏感染转为急性感染的机会；③减少海水致病性的病菌；④促进对虾生长。

九、混养模式（属半精养类型）

该模式是以养殖对虾为主，兼养其他生物的养殖模式，大多是半集约化的普通虾塘。

混养模式共有4种类型，即虾鱼混养、虾蟹混养、虾贝混养和虾藻混养，这4种混养模式各有其特点，其目的是为了提高养殖的总体经济效益和防止病害的发生。该模式主要表现如下特点：主要是依赖自然纳苗或低密度混养鱼、虾、蟹、贝。虾塘的种类和数量复杂，生物具多样性，有的不清塘，不投饵或少投饵，即为生态养殖模式。由于养殖对虾密度低，WSSV 暴发流行机会少，一定数量的多种鱼类可抑制 WSSV 的发生。因此，生态式的养殖模式不易暴发 WSSV。

目前，虾鱼混养模式得到很好的推广与应用。采用鱼虾混养模式，就是向虾塘中放养一定数量和规格的草鱼、埃及塘虱（低盐度地区），或石斑鱼、金鲳鱼、军曹鱼、美国红鱼和河豚等（高盐度地区），形成捕食关系，能有效切断病源传播，降低对虾的发病率，能够起到很好的生物防控作用。

十、对虾封闭式综合生态养殖模式

该模式从优化养殖系统的结构入手，把虾鱼混养、虾贝混养、虾藻混养进行技术组合，变单种养殖为多种综合养殖，把利用生态环境与饵料资源上有互补作用的经济水生生物以合理的比例养殖于同一封闭区内。在养殖过程中除虾池投饵外，其他养殖区不投饵。投入的虾饲料在多级养殖池中通过不同营养级和生态位上各种养殖生物的多层次利用，饲料利用率可以获得大幅度的提高，可大大降低生产成本。通过优化的有益微生物群落、微藻群落定向培养，对水质进行生态调控、进一步净化水质，每个养殖区具有既是生产区又是生物净化区的双重功能。养殖用水通过生物净化和物理、化学处理得以循环利用，实现养殖期间废水的"零"排放，减少对海区环境的污染，提高海水的利用率。

该模式的这种"零"交换水系统，节约水资源，减轻对海区环境的污染，是一种无公害生态型综合养殖模式，具有较好的效益。该模式规模较大，必须有一定经济实力的公司通过专家论证做出统一布局后才能实施。

近10年来，南美白对虾在我国已成为主要的养殖品种，尤其在广东、海南、广西等沿海，养殖南美白对虾的热潮已遍及各地区，并辐射到北方，养殖技术的不断更新，引进新的品种细角滨对虾（蓝对虾）也将成为养殖的优良品种而掀起高潮。养殖业者沿着科学发展观，在对虾、水环境、饲料营养与病原的关系逐渐被认识。从"养虾就是养水"开始积累了许多控制水环境的技术，涌现和建立了许多新的养殖模式，使我国对虾养殖业得到持续发展。

十一、工厂化养殖模式

工厂化养虾占地少，产量高，效益好，可以避免传统养虾方式带来的虾病和水体污染，减少天气对养殖的不利影响。我国沿海的对虾养殖经过多年的发展，工厂化养虾具有一定的基础，部分地区工厂化养殖已达世界先进水平，但总体上基本采用"水泥池＋温室大棚"为核心的精养模式。但目前还存在曝气设备能耗过高、废水多数得不到有效处理等问题。

虾类是世界上最重要的水产品贸易商品，约占 15％的世界水产品贸易总额。目前对虾养殖受到虾病的困扰，从 20 世纪 90 年代起，厄瓜多尔、泰国、中国等地受到日益严重的对虾疾病威胁。据估算，90 年代亚洲的一些国家和地区由于病害原因造成的损失高达几十亿美元。对虾工厂化养殖是用工业手段控制池内生态环境，为对虾创造一个最佳的生存和生活条件。在高密度集约化的放养条件下，投放优质饲料，促进对虾顺利成长，争取较高经济效益。在虾病肆虐的当下，全程可控的工厂化养殖或许是一个新的思路和方向。

欧美等西方国家在工厂化循环水对虾养殖系统方面已经做了很多尝试和研究，值得我们借鉴。工厂化养殖的方式大致分为三种形式：流水养殖、半封闭循环水养殖和全封闭循环水养殖。流水式养殖的全过程均实现开放式流水，用过的水不再回收处理，流水交换量为每天 6～15 次；半封闭循环水养殖方式对养殖用水不是完全开放，而是对部分养殖废水经沉淀、过滤、消毒等简单处理后再流回养殖池重复使用；全封闭循环水养殖方式的养殖用水经过沉淀、过滤、去除可溶性有害物、消毒等处理，再根据对虾不同生长阶段的生理要求，进行调温、增氧和补充适量的新鲜水，再重新输送到养殖池中，反复循环使用。

对虾循环水养殖系统应能有满足对虾生长的水质、水温、盐度条件，并保证有一定的水流，促进养殖池的排污和满足对虾生理需求。环道式养虾系统、佛罗里达三阶段养虾系统以及基于微藻的循环水对虾养殖系统等都取得了较好的养殖效果。目前，我国工厂化养殖系统发展水平尚处初级发展阶段，对虾工厂化循环水养殖系统研究近些年也取得不少成果。

工厂化对虾养殖应当根据不同地区的水质条件和养殖习惯，因地制宜形成适宜当地推广应用的封闭循环水养殖模式。例如在南美，多采用跑道式循环水养殖、常流水养殖、微流水式的封闭循环水养殖等模式；我国东海、黄渤海地区多采用封闭式循环水养殖；热带、亚热带沿海地区多采用封闭、半封闭的微换水工厂化养殖模式。我国华南沿海地区水温高，光照时间长，海域中生物资源丰富，可根据其特点充分利用自然地理资源，减少控温设施降低能耗，引入微生物、富有藻类、大中型水生植物等元素，从而构建一个适宜亚热带地区特色的环境友好型对虾封闭循环水养殖模式。

养虾池的形式多种多样，一般有长矩形、圆形、长圆形、跑道式等。普遍认为，采用跑道式的养虾池效果比较好，其优点是池水可在环形池中流动，可使池内水质均衡，而且可将虾粪便及残饵及时排出池外，保持池内良好水质。一定方向的水流也符合对虾的生理特性，有利于对虾的生长。

养虾先养水。在对虾工厂化养殖中，水处理技术也是体系中的重头戏。根据处理方式的不同，主要有物理过滤、生物处理、消毒杀菌等方法，这些方法往往根据实际情况共同使用，并对溶氧和温度、盐度进行人工干预。

物理过滤是循环水养殖水处理中的第一个环节，也是一个重要的环节。其主要目的是去处悬浮于水体中的颗粒性有机物及浮游生物、微生物等，快速及时地去除水体中的颗粒性有机物，可以大大减轻生物处理的负荷。目前常见的物理过滤方式有沙滤、网袋式过滤、转鼓式微滤、弧形筛网过滤等。

生物处理在养殖系统中起着核心作用，良好水质靠它维持，主要是去除水体中的有机物、氨氮、亚硝酸盐等有毒物质。通常的生物处理是利用硝化细菌将氨氮和亚硝酸盐氧化成硝酸盐，消除它们的毒害作用。根据微生物生长的方式可分为悬浮式和固着式。在养殖循环水处理系统中，微生物多使用固着式生长，较具代表性的系统如滴流式过滤器、浸没式过滤器、塑料珠填料过滤器、砂粒流化床过滤器、生物转盘过滤器、生物滤池、生物滤塔等。还有利用微藻、大型藻类、水培植物等去除氨氮的，如人工湿地技术，鱼菜共生系统，鱼、虾、贝、藻生态处理系统，基于微藻的对虾养殖系统等。

在高密度的养殖条件下，水体中除了存在理化性的致病因子外，还有一定数量的致病菌、条件致病菌。这不仅会大量消耗水体中的溶解氧，还会对养殖对虾产生严重的负面影响。系统中应配有消毒杀菌设备，利用物理、化学的措施减少致因子对对虾的影响。常见的消毒杀菌设备有紫外线消毒器、臭氧发生器、化学消毒器等。紫外线消毒器的消毒效果稍差，但其副作用小，安全性较好；化学消毒器的消毒效果较好，但使用不当可能会对养殖水体造成二次污染；臭氧消毒应合理把握好水体中的臭氧含量，经消毒后的水体不能立即进入养殖系统中，而应曝气一段时间，使水体中的臭氧降低到一个安全浓度才能再行使用。

溶解氧是对虾养殖生态环境中最为重要的参数。养殖水体中溶氧的高低直接或间接影响着对虾的生长发育。要维持充足的溶解氧，增氧是养殖系统中的重要组成部分。目前常见的增氧方式有机械增氧、鼓风增氧、纯氧增氧等。

为了实现多茬养殖，连续生产，需要采用温度调节装置。一般是配备一套增温装置以确保养殖生产不受低温环境的限制。较常使用的是锅炉管道加热系统、电热管（棒）系统，也可用太阳能、风能、地热能等绿色能源。

第二节　南美白对虾健康养殖的技术要领

当前，对虾养殖无论采用哪种养殖模式，养什么虾，都面临着两个"安全"问题，所以，我国对虾养殖业者要面对现实，许多对虾养殖专家都指出，必须进行健康养殖，这是今后水产养殖业的唯一出路。对于引进来的良种凡纳滨对虾（南美白对虾）与细角滨对虾（蓝对虾）应如何进行无公害健康养殖，已排在议事日程上。对于健康养殖体系必须有全面地认识，要注重整个养殖系列工程的每个环节，特别要从种苗抓起，培育无特定病毒（SPF）的种苗和抗病毒（SPR）的高健康苗种。采用零交换水系统养殖，饲料营养、病害防治、养殖废水的处理排放以及环境保护要遵循健康养殖的规范，确保对虾养殖得到健康持续发展。

近几年来，水产养殖专家在研究控制病毒性虾病过程中，认识到在对虾养殖的整个系列工程中,对虾、水环境和病原这三者与发生虾病的关系;在预防病毒传播的技术方面,提出培育和应用 SPF 虾苗,提高对虾抗胁迫能力;在可持续发展方而,提出对虾环境对策,尤其在用水系统方面,积累了许多控制水环境技术上可行的经验,提出零交换水系统,也就是人们所提出的环境友好。目前在零交换水系统中,利用湿地结构进行养殖水净化,建立新型的养虾模式,以控制白斑综合征最有效的技术,把对虾养殖技术引入一个崭新的阶段。21 世纪,新一代的养殖技术在美国进行着系统的研究,并在泰国、中东发展,我国从南到北也在积极开展。循环水生态精养模式、地膜防渗过滤海水精养模式,为促进养虾业提供了具体技术方案,使产业获得新生,并对养虾业的持续发展产生深远的影响。

一、健康养殖的主要技术要素

(1) 首先是要以健康的虾苗为前提,放养的虾苗必须是 SPF 虾苗,切断病毒的垂直传播途径。

(2) 生物学安全-零交换水系统,以切断病毒的水平传播。该系统的核心技术内容为,在一个相对封闭的系统中,彻底清除养殖系统的一切生物,特别是病原生物及携带病原的生物。在养虾池内重新构成定性、定量控制的藻类、微生物群落。养殖系统使用水循环,极少添加系统外的水源,防止外界病原的传入。

二、确立无公害健康养殖新的养殖观点

所谓零交换水,实际上就是整个养殖系统内的水循环的运作,指在独立的养殖系统的养殖全过程中,系统内的水不与系统外的水源进行水交换,养虾池的水体通过沉淀净化进行水循环,但是水循环生态精养新的养殖观点需要通过一系列的养殖技术和工艺去体现。在水质调控方面,利用有益微生物及单细胞藻类生物相的生态功能,保持水环境的稳定和必要的高效优质的饲料营养,提高虾的免疫力和抗病力,降低环境污染和病害的发生,进行高密度养殖,大幅度提高经济效益。

零交换的养殖系统是控制养殖系统内病毒水平传播的有效措施。在对虾养殖的整个系列工程中，种质、环保型饲料和 SPF 虾苗的培育等相关技术结合为整个体系，为新世纪现代化养虾建立新的模式。

三、生物学安全-零交换水系的现实意义

生物学安全-零交换水系统针对现代海水养殖对虾的许多弊病，提出了降低养殖成本、减少土地占用，在有限的小面积土地上进行集约式养殖，无需从海洋进行频繁的水交换，节约水源和能量消耗；进行虾池内水循环，防止疫病传播；池底污泥清出处理，可再作为有机肥源，土壤改良后，可再回填使用，体现了环境友好。整个技术的核心是水处理技术（包括应用有益微生物来调节虾池的水生态的稳定），控制病原传播及调控虾池内有益微生物、藻类的生态功能，建立新的养殖体系，实现可持续发展与高效益的现实意义。

四、南美白对虾养殖技术的改进与推广

1. 对虾养殖技术的改进

夏威夷海洋研究所拟制一系列的健康化养虾的生产过程，坚决拒绝接纳带有病原体的南美白对虾苗，用水量低，最终达到环保的水质要求，提高养虾产量。2001 年，海洋研究所获得美国政府授予的养虾专利。这个科研专利有许多优点，其中包括：南美白对虾苗不感染专门的病原体；人工配合饲料研制；养虾池放养前的全面消毒，最后建成封闭式安全生产的、具有零点水交换的养虾生产设施。

研究人员在这个生产系统中研究各种水生微生物机能的互相作用。水生微生物群体包括有细菌、浮游植物、原生动物和后生动物。在养虾过程中，对各种环境条件的改变，如透明度的变化、水中溶解氧量状况，以及人工配合饲料蛋白质含量，都要进行定期测定。为确保人工配合饲料不带有病原体，使用各种消毒杀菌方法。该所用 γ 射线和 E 射线分别照射 15 千戈，以及使用 X 射线 8.5 千戈对人工配合饲料进行照射消毒。经各种射线杀菌消毒后，饲料中各种病原体基本已被消灭。当不使用这些射线时，仪器会自动关

闭，故使用时很安全。

2. 科研成果促进生产技术的推广

由美国商业部资助、海洋研究所负责领导的合资经营的养虾先进技术计划（ATP），实现"生物安全零点水交换养虾技术"。这项养虾技术推广到商业生产中应用，旨在通过高度集约方法，在一个较安全的环境条件中，大量生产高质量、健康无病的南美白对虾苗。

先进的养虾技术还应包括如下的科研合作项目：虾类基因遗传选择技术的研究，高效人工配合饲料的研制，优化天然微生物群体的组成，零点水交换生产设施的进一步改进，对虾健康养殖。上述科研项目完成后，将促使美国南美白对虾养殖向规模化、产业化迈入新的台阶。

值得注意的是，对虾养殖系统是由一系列生产工程及管理构成的。除种苗本身，更要加强养殖环境的调控、营养管理等。若只强调 SPF 虾的培育，而忽视养殖环境和营养的管理，同样可能导致病原的入侵及病害的流行和暴发。

第三节　养殖场地的选择与建造

一、养殖场地的选择

养殖场地的选择应注意以下几个方面。

（1）地势平坦、开阔、风浪较小、潮流畅通的潮间带或潮上带、海水洁净，水质符合 GB 11607 渔业水质标准的规定。海水盐度 5～35，pH 值 7.8～8.6，透明度大于 1.5 米，溶氧 4.0 毫克/升以上。无工业、农业及生活废水污染，最好不选择红树林区和森林保护区。

（2）淡水水源丰富。

（3）交通方便，有电源供应，社会治安好。

（4）底质以沙质和泥沙质为好。

（5）进排水的区域分隔较远。

（6）提水方便。

（7）养殖面积不超过该海区的生态承受能力。

实际上现在要找一个完全符合上述条件的场地是有困难的，必须从建设投资省、安全可靠、管理方便和虾场今后的发展等方面综合考虑建塘的地理条件。

二、虾池的建造

1. 虾池的形状

要建造提水式高位池高密度精养虾池的形状时，主要考虑增氧机充气时使池水形成环流，达到虾池废物向池中央聚集，创造一个清洁的养殖生态环境，所以虾池圆形或方圆形为好。若为方圆形长宽比例不大于 3：2，池角应呈圆弧状，圆弧半径为 3～4 米，池底锅底形。中央设排水口。

若虾池建在沙质土或酸性土壤时，虾池应铺无毒塑料防渗土工膜。

2. 虾池的面积

高位池为 3～5 亩为宜，不要超过 8 亩。循环水精养虾池为1～3 亩为宜。分散养殖为 1—2—5 亩或 1—3—6 亩。

3. 虾池水深

养虾池深度一般为 2.5～3.0 米。养殖水深，1.8～2.5 米。若水深，可增大放养密度，但需加大增氧动力。建池时，虾池的垂直深度要比最大养殖水深高出 20～30 厘米。

4. 池堤

池底迎水面可砌墙或铺设水泥预制板，可也直接浇筑水泥挡板。池堤基部应高出当地历史最高水位的 0.3～0.5 米，池堤坡度一般为 1：1：5。

5. 池底

为防渗漏应铺广东省佛山市塑料集团股份有限公司研制的虾池防渗土工膜，养日本囊对虾要铺沙土 20 厘米以上。

三、旧虾池改造

原有不适于精养的虾池或老化池应逐步进行改造。

（1）根据小面积池塘精养对虾要求，养殖面积为 2～5 亩。

（2）池深 2～2.5 米。

（3）池塘保水性好，水可排干，进排水渠道分开。

（4）池底应铺无毒防渗塑料土工膜。

（5）建有蓄水池。

（6）按健康养殖管理要求配置虾场应有的配套设备。

四、虾塘必须配置的仪器

大型的养殖场或养殖公司应有 PCR 检测仪、生物显微镜、盐度计（或比重计）、溶解氧测定仪器、精密式 pH 仪和透明度盘、有条件的可设氨氮、总碱度探测仪器、微生物培养设备、病原探测染色液及试剂盒等。

第四节　南美白对虾养殖的技术工程程序

对虾养殖是一种较复杂的学科，其生产基本流程从虾塘的建造、种苗的培育、水质的调控、饲料营养以及病害的防治与科学的管理这一系列的技术，其中一环接一环，如果其中一环出了问题，就会导致养殖失败，那么养虾的整个生产流程包括哪些技术呢？现在把对虾养殖的生产基本流程程序归纳如下。

先把池塘水排干→封闸晒塘→清淤、整塘（旧塘的翻土或填土曝晒）→修堤→渠道和闸门→消毒（浸泡池塘、撒石灰或漂白粉、茶粕等）→安装闸网→进水（水体消毒）→施肥繁殖饵料生物→肥水施用有益活性微生物→选购虾苗→科学放苗→饲料投喂→水质调控（清洁养殖）→定期应用芽孢杆菌、光合细菌或 EM 复合菌剂→合理使用增氧机→养殖后期用高效优质的营养提高免疫力和抗病力→防病措施→收获（符合无公害食品对虾的标准）。

对虾无公害养殖技术要求高，各个生产环节紧密衔接，一环接一环，不得马虎，若一环脱节，往往会贻误全局，所以在养殖生产管理等各个生产环节进行较为系统的科学规范。同时，运用工程管理的方法，科学而有效地做到：消毒无残毒、调控水环境、高营养、少污染、低盐度、定期应用有益菌、改进水环境管理、缩短养殖周期，以达到健康养殖的成功。

南美白对虾在华南地区可全年养殖，是一种短、平、快的优良品种，其养殖技术的操作程序，各个生产环节要紧密衔接，并根据不同的养殖模式进行。整个养殖生产基本操作流程如下。

一、南美白对虾健康养殖生产基本程序

1. 虾塘彻底整治关

底质的去污、曝晒、翻耕与消毒一定要彻底。"养水宜先养土"，要认真确实做到：

（1）在清塘排水时，伴随冲洗，去除池底污泥，甚至在干底后移去上层污泥；

（2）修堤坝、堵塞漏洞，一定要清除池边的甲壳类动物、野生螃蟹、藤壶、海蟑螂等；

（3）清淤必须彻底，每公顷加入生石灰1200～1500千克，曝晒与翻耕，促进氧化，按土质性质石灰量的用量具体掌握；

（4）进水加入有益微生物制剂和少量氧化剂进行翻耕，促进有机物分解与有毒物质的去除；

（5）若底质含有偏酸性的硫化铁成分，建议铺设地膜，按虾塘面积铺设无毒塑料土工膜，以后全池清洗后晒池2～3天即可。

2. 消毒除害

铺设无毒塑料防渗土工膜的池塘，进水前全池喷洒消毒剂，并晒池2～3天；土质虾池或填沙较厚的虾池，注水少量，刚好浸没整个池底，释放漂白粉，每立方米水体用量50～70克，杀灭有害生物，清除杂鱼、杂虾、寄生虫、细菌、病毒等。可以根据需要选择对杂鱼、杂虾敏感的药物（如茶粕等），要注意用药的安全性。

3. 进水

虾塘消毒完成后，虾池进水需经过80～100目筛绢网，以减少杂鱼、虾及卵子进入养殖塘，一次性注满。从海区引水直接入塘，首先要监测海水是否符合WY 5052—2001无公害食品　海水养殖用水水质的标准，纳水时最好引入高潮期的上层水。然后选择低毒高效的水体消毒剂，合理进行水体消毒，既能有效消毒灭菌，又对浮游单细胞藻类影响不大。用蓄水池或较长而缓和曲折的水道蓄水，入水后即可马上施肥养水，保持水环境的稳定性。

4. 科学肥水，维持良好与稳定的水色

肥水俗称养水。通俗地说"养虾如养水"，养虾能否成功，大家都在"水"上下工夫。如何养好水，其中有许多学问，要具体掌握好科学肥水的方法。

肥水的目的就是培养和维持水质的稳定性，繁殖优良的浮游单胞藻类种群和培育有益的微生物种群，发挥优势藻类种的抑菌作用，使水质保持最佳状态，以达到塘内通过浮游微藻——浮游动物食物链为虾苗提供优良活饵料（幼虾可摄食浮游单胞藻和小型浮游动物），提高虾苗、幼虾的成活率和生长速度。

虾池中存在着不同类别的微生物（有益的、有害的、条件致病的、病原菌），有益微生物种群大量繁殖，能够降解、转化池塘中的有机物（池塘累积的有机物、有机肥料、养殖过程产生的代谢产物粪便等），在净化养殖环境的同时，为浮游单胞藻生长繁殖提供源源不断的营养以达到"化废为宝"的作用，抑制有害菌的繁殖生长，减少病害发生，达到生态平衡。有益微生物可降解有机物形成细菌团粒，可以成为对虾的优质天然饵料。

5. 施肥及应注意的问题

施肥立足于有益单胞藻的繁殖生长。因为不同单胞藻类的繁殖生长与水体中营养元素配比不同，主要与氮磷比例密切相关。掌握原则是：肥料（碳酸氢铵、磷酸氢钾）元素为溶解态比大于10:1，其他元素适量，如氮磷之比为10:1时能促进绿藻大量繁殖；氮磷之比为7:1为淡绿黄色，主要为绿藻。许多养殖户未掌握科学肥水，盲目性大，在使用肥料时不按虾塘实际情况进行，而是乱用石灰或化肥等五花八门的药物，致使池塘肥水往往失败，虾池中藻种全部死亡，单胞藻不能繁殖生长，反而那些青苔、藓苔等刚毛藻大量繁殖，水变清见底，遇到高温青苔死亡，产生大量硫化氢。养殖业者应改变过去不科学的盲目施肥习惯，要分门别类。

（1）如果是养殖多年而没有清淤的池塘，宜施无机复合专用肥料，以南海水产研究所研制的水产养殖专用肥"单细胞藻类生长素"为例，施肥量依据养殖池塘的底质状况而不同，掌握肥度大的池塘少施，肥度小的池塘多施为原则，不宜过度，否则会导致养殖池塘的富营养化，增加养殖环境的负荷。

肥水时，若用南海水产研究所研制的水产养殖专用肥"单细胞藻类生长素"（无机复合专用肥），施用量为 1～2 千克/亩。一般在放养前 5～7 天施肥，放苗后 5～7 天追肥一次即可。以后应发挥有益微生物的"化废为宝"作用来增加养殖水体的肥度。

（2）新开发的池塘或铺防渗土工膜的高位池、沙质底的池塘、清淤彻底的池塘等，宜施有机无机复合专用肥，以南海水产研究所研制的"肥水师傅"（无机有机复合专用肥），用量为 2～3 千克/亩。放苗前 5～7 天施肥，放苗后 5～7 天追肥一次即可。也可采用消毒的鸡粪进行发酵，每亩用鸡粪 10 千克＋1 千克虾蟹宝＋4 千克生石灰混合发酵一星期后，用饲料袋装好吊在池边，效果好，很快就可培育大量的天然饵料生物。

6. 施用有益活性微生物

放苗前施肥后，适当施加有益微生物降解转化有机物和形成优势菌群以抑制有害菌。应该施用化能异养细菌为好，就是虾农经常使用的有益芽孢杆菌属菌株，如南海水产研究所研制的"加强型利生素"、"利生活菌"、"利生健"等，在施肥后的第二天施用，用量为 1 千克/亩。放养虾苗前肥水与施用有益菌的应用如下。

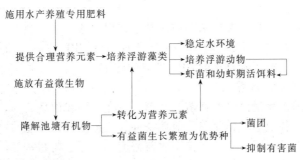

7. 选购虾苗

选择健壮、活力强、大小均匀、体表干净、肌肉饱满透明、外观清亮，要求 SPF 或 SPR 虾为准。

现把当前我国引进的南美洲凡纳滨对虾（南美白对虾）（或中、南美洲称为白对虾）与细角滨对虾（蓝对虾）以及东南亚墨吉对虾的后期幼苗鉴别如下（表3），提高养殖户购买时鉴别虾苗的能力，以免受骗上当。

表3　中、南美洲产白对虾、蓝对虾及东南亚
产墨吉对虾后期幼苗鉴别表

虾苗体长（毫米）	中、南美洲白对虾		中、南美洲蓝对虾		东南亚墨吉对虾	
	额角齿式	尾节或尾扇特征	额角齿式	尾节或尾扇特征	额角齿式	尾节或尾扇特征
5	2～4/0	尾节顶端无棘及尾偏方形	4～5/0	尾节顶端无棘及尾端偏方形	4～5/1	尾节顶端有棘及尾端椭圆形
10	5～6/1	尾扇基部较窄，尾节表面平整	5～6/1	尾扇基部较宽，尾节表面有线条		
15	6～7/2	尾节表面中间出现线条，其尖端刚毛数少	6～7/2～3	尾扇表面中间及两侧有线条，其尖端刚毛多		
20	7～8/2	尾节尖端刚毛数多，尾扇与基部结合处无突起	7～8/3～4	尾节尖端刚毛数少，尾扇与基部结合处无突起	7～8/7	尾扇与基部结合处有突起
25	7～9/2	尾节基部有雏状及椭圆形线条	7～9/4～5	尾节基部钩状线条	8～9/7	尾节基部平滑，无有线条，其顶部有硬棘

希望养殖户掌握识别虾苗的基本知识，这样才不会上当。选购虾苗时最好进行 PCR 检测，或虾苗场出示 SPF 或 SPR 的相关证明，使虾农购买到真正的 SPF 健康的虾苗。

8. 虾苗的放养

我国东南沿海放养虾苗最好第一造在清明谷雨后放养，千万不要过早。各地的气候状况、池塘条件、养殖品种、养殖的季节与养殖模式有所不同，尤其要控制放苗密度，千万不要超密度，以选择最合理的养殖密度、能取得最好的经济效益为目的。

（1）高位池高密度精养模式　放苗规格为 0.8～1 厘米，虾苗

6 万～8 万尾/亩，最高不超过 10 万尾/亩。经中间培育（标粗）的虾苗 2.5～3 厘米，每亩放 4 万～6 万尾，最高不超过 8 万尾，养殖周期在 110 天，可达到 50 尾/千克，以成活率 70%计，亩产量可获 1500 千克左右。

（2）普通半精养 低位池养殖细角滨对虾，放苗密度为 5 万尾/亩，经 110 天养殖，每亩可产 700 千克/亩，每千克 50 尾，成活率 70%计。

（3）在确定放苗数量后，计算好面积后一次性放足，最好放养同一批的虾苗。在选购时先进行试水，以免盐度差别大而受损。

（4）放苗注意事项 ①放苗地点要选择虾塘避风的一边，切忌迎风放苗，也要避免在浅水处或闸门附近放苗；②要放养的虾塘，应要先算好放苗量，一次性放足，避免多批次放苗；③放养时要算好放苗量，一次放足计算要准确；④天气不好、台风、暴雨或阴天不要放苗，肥水不好，pH 值没有调控好不要放苗；⑤不要在中午天气温度高的时间放苗，最好在下午太阳落山后放苗。一般选择在气候良好的清晨，放苗时宜让袋中的虾苗对池中水先行适应后再放入虾池中。

（5）虾苗的中间培育 又称中间暂养，广东一带俗称标粗，是指虾苗出池后先在较小养殖池内饲养一段时间，待虾苗长到体长 3 厘米左右，再移到养成池里养殖。经验证明，中间培育是提高虾苗成活率和产量的一项重要技术措施。现在许多养虾国和地区都采用中间培育法，如日本养虾全部采用中间培育法，菲律宾、泰国以及中国台湾地区等是采用分级（段）培育法，都获得较好的产量。近年来，在广东、福建沿海一些高产单位也多采用中间培育法。

中间培育，可利用面积较小的养成池（3～5 亩或 10～20 亩），也可在大池中筑矮堤分隔出一口小池。放苗前，进行池子消毒，蓄水 40～60 厘米，培养基础饵料生物。按每亩可放苗 15 万尾的密度计数入池。根据虾苗的摄食量，每口喂以卤虫、糠虾、切碎的小杂鱼、绞碎的贝类肉或人工配合饵料等。放苗 7 天内不要进水，7 天后每天添 10 厘米深度的新鲜海水，加满后每日换水 1/5。由于虾苗密度大，培育条件和管理水平要求较高，故要特别注意观测水的理化因子和虾苗的活动情况。一般经过 15～20 天培育，虾苗长成

3 厘米左右，即可移入养成池养殖。中间培育的成活率一般为
60％～80％。

另一种培育方法是，在大型的养殖池里选择底质平坦的滩面，
用 40～60 目筛绢网拦住。清池消毒、饵料生物的繁殖、投喂饵料
均按中间培育方法。这种方法不必另建池，虾苗集中管理，经过两
次成活率检查，如果正常，而且体长达到 3 厘米左右，即可把拦网
拿掉，使虾苗疏散到整个养成池。

中间培育的优点是：

（1）培育池的面积较小，便于彻底清池除害，饵料利用率高，
可提高虾苗成活率。

（2）经过中间培育的虾苗适应环境和避免敌害能力强，养成成
活率高，一般可以达到 80％以上。中间培育能够准确掌握养成池
中对虾的数量，便于较精确地计算投饵量，做到合理投饵，提高饵
料利用率，以降低生产成本，提高经济效益。

（3）可以应用中间培育，使双季虾养殖的第一季虾收获和第二
季虾苗入池的时间得到调节，利用时间差，做到合理地衔接而避免
时间的冲突。

（4）进行中间培育，可缩短养成池的养成时间，减轻了养成池
的污染，减少了病害发生，利于养成期对虾的生长，提高成虾养殖
的成活率和效益。

9. 饲料的投喂

应选择质量好、饲料配方科学高效的环保型饲料，选择信誉高
的大型的国家认可的厂家，保证营养合理、加工工艺、诱食性好、
饲料源新鲜，饲料系数低。

养殖南美白对虾要立足于"强化营养、提高免疫力、缩短养殖
周期"的健康养殖方法。具体的投喂原则是：早期壮苗、中期防
病、后期强化营养，以达到无公害食品的目的。

选择好的饲料，还要做到合理投喂，做到既使虾吃饱吃好，又
不造成浪费，可降低养殖成本，取得好效益。要做到投饵的正确
性，就必须计算投喂饵料的量，因此要知道虾塘中虾的存活率多
少，必须做到：①掌握虾塘内对虾的数量、大小；②掌握对虾健康
状况、蜕皮情况；③掌握水质环境状况；④了解虾塘施用药物

情况。

(1) 虾塘内对虾成活率的估算

① 采用网箱放养法：按虾塘平均投苗密度在网箱里试养，每10天计算一次，根据网箱里的成活率估算虾塘里对虾的数量（一般网箱的成活率比塘内低5%～10%）。

② 用旋网取样，可在虾塘内取不同点多次捕虾，用以下公式计算虾的成活率：

$$虾存活率 = \frac{平均每网捕到虾数量（尾）}{网面积（米^2）} \times 虾池面积（米^2） \times K$$

式中，K 为经验数：水深1米，对虾体长6～7厘米时，$K = 1.4$；水深1.2米，对虾体长6～7厘米时，$K = 1.5$；水深1米，对虾体长8～9厘米时，$K = 1.2$；水深1.2米，对虾体长8～9厘米时，$K = 1.3$。

(2) 饲料台设置及检查 一般每1.5～2亩水面设置一个饲料台，饲料台应建在离堤坝3～4米，增氧机搅动的水流速度最大的区域。投饵时台中的饲料要占总投量的1%～2%。

检测饲料台的时间要根据虾的生长不同阶段确定。1个月内虾体长到5厘米，检查时间为3小时；40～50天虾体长8厘米左右，检查时间2～2.5小时；60天内虾的体长12厘米以上，检查时间为1.5小时。以所投饲料在间隔时间内吃完为好，否则要调节饲料量，南美白对虾投食量较大，投食时控制在1小时吃完为度。

(3) 投喂时间及次数 原则上是前期少后期多，在放苗的第二天即开始投喂，每万尾虾苗日投饵量为0.06千克，以后每天递增10%。放养15天后，应在虾塘四边设置饵料观察网，每次在规定时间查看投食情况，以便调整第2天同一餐的投饵量，并做好记录。

养殖前期每天投喂2～3次，中期为3～4次，后期每天4～5次。放养一个月内，投喂时尽量做到全池均匀投撒，养殖的中后期应沿池四周均匀投喂。养殖全程要严格控制摄食时间，体长6厘米以下，应控制在2小时内；体长6～10厘米控制在1.5小时内；体长10厘米以上，应控制在1小时内。在高位池投饵的中后期一般可投喂5～6次，以少量多餐为原则，每餐8成饱就行。晚上投饵量要占全日的80％左右，白天占20％～30％，具体投饵时间如下：

18：00～19：00	投全日量的35％
23：00～00：00	25％
4：00～5：00	15％
9：00～10：00	15％
14：00～15：00	10％

（4）投饵量与体长、体重的关系　体长1～2厘米，投喂量占体重的150％～200％，3厘米为100％，4厘米为50％，5厘米为32％。

（5）投饵应注意的事项　南美白对虾投喂时要坚持勤投喂，做到"少量多餐"的原则外，还应根据具体情况有针对性地进行投喂，要做到：①腐败变质的饲料不投，水质严重恶化不投；②大风暴雨暂时不投，对虾浮头不投；③风和日暖，水质条件好时多投；④对虾生长前期少投，中后期多投；⑤蜕壳时不投，蜕壳后多投。

（6）早期壮苗　在华南沿海，养虾户习惯在虾苗长到3厘米以上才开始投喂，有的在虾苗投放20多天才投喂饲料，这种传统式的养虾对于养殖对虾是不科学的。南美白对虾食量大，活动时间长，只靠虾池中基础饵料生物显然是不够的，而且虾苗在育苗场以高蛋白的卤虫等喂食的，虾苗入塘后营养跟不上，势必造成成活率低，即使放养无特定病原虾苗也难以保证养殖成功。

虾苗入塘，各种生理机能都不完善，入池后难以适应新的环境，没有及时投喂优质高效营养全面的饵料，成活率难以保证。因此，虾苗放养的当天应当投喂以牡蛎肉（广东叫蚝，磨烂）、鲜鱼糜与鱼虾壮元（广州市嘉仁高新科技公司研制）混合一起投喂，可以大大提高虾苗的免疫力，投喂这些高蛋白动物性易吸收的饵料，虾苗的成活率高达90％以上。笔者在海南，广东湛江、斗门、珠海、阳江以及广西北海等地养殖南美白对虾、斑节对虾和细角滨对虾的生产实践证实，早期壮苗可以提高成活力和抗病力，可以大大缩短养殖周期，提高养殖效率。

（7）中期防病　若营养跟得上，南美白对虾食量大，长得快。中后期的工作重点是应用有益微生物制剂、排污和充分利用增氧机等综合措施，确保良好的水环境的稳定，要有足够的多种增氧机配合使用，并对水质进行监测和调控，以保持水色的稳定。

（8）后期催肥（强化营养）　在中期的养殖基础上，加大投饵量和次数，特别是对虾摄食旺盛的傍晚和深夜，加强高效优质配合饲料的投喂，添加适量维生素 C、鱼虾壮元等营养物质。在养殖最后半个月，适当提高虾塘的盐度，促进对虾硬壳，增加虾壳亮度，以提高对虾的丰硕肉质。在高位池养殖的南美白对虾不超过 110天，每千克在 50 尾以内，放苗量为 7 万尾/亩，平均亩产可达1500 千克。

10. 养殖管理

（1）封闭半封闭控水　健康养殖前期全封闭，放苗前进水 1 米以上，放苗后 30 天内不换水、不加水；养殖中后期半封闭，中期开始逐渐加水至满水位，后期观察水质变化和水源质量，适当换水。实行有限量水交换原则，1 次添（换）水量约为养殖池塘总水量的 5%～15%，保持养殖水环境的稳定。添加的水源应该经过沉淀或过滤、消毒处理以后，再进入养虾池塘，防止水源带来污染和病原，有条件的养殖场应设置蓄水池。

（2）清洁养殖　清洁养殖的核心是保持养殖生态环境的良性循环，也就是养殖安全。清洁养殖技术是调控养殖池的水质，保持池塘的生态平衡，通过生物处理及时降解转化养殖代谢产物，维持浮游微藻相与菌相的平衡，控制水体的稳定等环节来实现（图 16）。

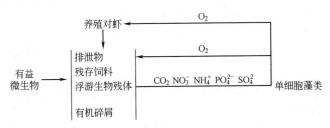

图 16　有益微生物作用下代谢产物的降解与转化

① 养殖过程定期施放芽孢杆菌。有益芽孢杆菌能够分泌丰富的胞外酶系，降解淀粉、葡萄糖、脂肪、蛋白质、纤维素、核酸、磷脂等大分子有机物，性状稳定，不易变异，对环境适应强，在咸淡水环境 pH 值 3～10、温度 3～45℃内均能繁殖，兼有好气和厌

气双重代谢机制，产物无毒无害。在养殖池塘中施放芽孢杆菌，能够快速降解池塘养殖代谢产物，促进优良浮游微藻繁殖，抑制有害菌繁殖，促进有益菌形成优势，改善水体质量（见图 17）。在自然界的竞争中，要保持有益菌的优势地位，必须定期添加芽孢杆菌。所以，放苗前施放芽孢杆菌制剂后，每隔 7～15 天需追施一次，直到收获，用量可为首次用量的 50%。首次 1 千克/（亩·米）（市面上虾农用的为加强型的利生素，南海水产研究所研制的产品）。

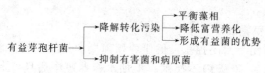

图 17　有益芽孢杆菌在养殖池塘的作用

②养殖过程不定期施放光合细菌或 EM 复合菌剂。光合细菌是一类有光合色素、能进行光合作用、但不放氧的原核生物，能利用硫化氢、有机酸作受氢体和碳源，利用铵盐、氨基酸、氮气、硝酸盐、尿素做氮源，但不能利用淀粉、葡萄糖、脂肪、蛋白质等大分子有机物。在养殖池塘中施加光合细菌，能够吸收养殖水体中的氨氮、亚硝酸盐、硫化氢等有害因子；可降解养殖水体富营养化程度，平衡水体生态浮游单细胞藻相，调节酸碱度 pH 值。

EM 复合菌剂由乳酸菌、酵母菌、放线菌、丝状菌等几十种微生物共培共生而成，其结构复杂，性能稳定，可以降解、转化大分子有机物，也可以吸收利用小分子有机物和无机物。在养殖池塘中施加 EM 复合菌剂，可以起到分解有机物，平衡浮游单胞藻的繁殖，吸收养殖水体中的氨氮、亚硝酸盐、硫化氢等有害因子和净化水质的作用。

使用时，根据养殖池塘环境质量状况，可以单独或配伍使用（见图 18～图 20）。

净水型光合细菌或 EM 活菌
消耗、吸收、降解小分子污染物 —— 使水质清新
—— 防控藻类过度繁殖

图 18　藻相过浓时，施用净水型光合细菌或 EM 复合菌

净水型光合细菌或 EM 活菌

↓

消耗、吸收、降解小分子污染物→使水质清新

图 19　阴天或水体老化时，施用净水型光合细菌或 EM 复合菌

肥水型光合细菌→平衡养殖水体营养成分

芽孢杆菌复合制剂→分解有机质　}→促进藻类繁殖

图 20　藻类过清时，施肥水型光合细菌＋芽孢杆菌制剂

③ 不定期施放中、微量元素和腐殖酸专用肥。随着养殖代谢产物的增多，在中后期养殖池塘的肥力大幅度增高，但有时候会出现浮游微藻繁殖不稳定或者突然死亡的现象，除了气候突变或者缺乏二氧化碳之外，很多时候是因为缺乏微量元素的缘故。因此，可以视养殖池塘生态变化状况施加中、微量专用肥或腐殖酸肥料（见图 21、图 22）。

中、微量元素专用肥→增加中、微量元素→平衡水中营养元素→维护优良微藻平衡繁殖

图 21　藻色不稳定时，施中微量专用肥

腐殖酸专用肥

↓

吸收、消耗、降解小分子污染物→使水质清新

图 22　水体老化或混浊时，施腐殖酸专用肥

④ 养殖过程应适时施用水质、底质改良剂。养殖中期以后，每隔 7～10 天施用养殖环境调节剂、沸石粉、白云石粉等，吸附、分解水中有毒有害物质，以物理方法改善养殖生态环境。天气变化时，可施用养殖环境调节剂、有益菌。pH 偏高或偏低时，使用腐殖酸类制剂如"爽水灵"调节。下大雨 pH 值太低时，也可以用石灰水泼洒，但用量不宜太大。

（3）科学使用增氧机　增氧机的作用是搅动池水，增加水体表面和空气的接触，增加氧气的溶解，增加氧气的溶解，增加藻类进行光合作用的表面积，从而增加光合作用速率，增加氧气的生成。

增氧机的数量应视养殖的模式、放养虾苗的密度有关，一般 1～3 亩装 1 台，尤其在高位池及循环水精养模式，必须使用增氧机。增氧机有水车式、叶轮式、射流式、长臂式等。增氧机的安装应能形成池塘水循环，有利于虾的生长游动。

增氧机的开动原则，正常情况下放苗后 20 天内，配备水车式或叶轮式增氧机 6～8 台/公顷（1.0～1.25 千瓦/台），每天中午和黎明前开机 1～2 小时。

养殖 20～60 天配置增氧机 9～12 台/公顷，每天中午和凌晨，全部启动增氧机 5～6 小时，其余时间开动一半的增氧机。此外，在阴雨、下雨天均匀增开时间和次数，使水中的溶氧量保持在 5 毫克/升以上。

养殖 60 天后也就是养殖后期，可用水车式或长臂式与射流式（底下）增氧机混合使用，12～15 台/公顷。除投料时停机 20～30 分钟外，需全天开足增氧机，尤其是在虾池水深 2 米上下，在养殖中后期应配置适当数量的射流式增氧机为佳。增氧机数量要按虾池的面积与形状而定，一般设置在池塘的四周离池坝 3～5 米，相互成一定角度，有利于形成同方向水流，集中残饵和染物于池塘的中央。

总之，增氧机的开动要遵循科学，也就是养殖前期少开，养殖后期多开；气压低的天气、阴天多开；早晨水体溶解氧含量低的时候开；晴天太阳光照强烈的午后要开。

（4）日常的巡塘检查与管理　养殖期间养虾技术人员自始至终应每天早晨及傍晚各巡塘一次。俗语说"种田人不离田头，养虾人不离虾塘"，这即是说养虾者应常在虾池边，仔细观察虾池环境的变化、水色、对虾动态和安全状况，并要检查对虾摄食、生长速度和病害状况等，巡池要认真和细致，同时要做好现场记录，包括当天的天气预报等。其具体内容如下：养殖放苗的日期、时间、天气、气温、水色、透明度、pH、盐度、水温、虾池面积、水深、放苗数量、虾苗的规格；虾池的进排水时间、添水多少、添加海水或淡水，蓄水池水位，增氧机使用情况；水质主要因素的检测（氨氮、溶解氧），对虾活动情况，病原生物检测记录，对虾摄食情况，投饵次数及时间；饲料来源生产厂家、牌名；防病设施，用过什么药物、药量；对虾生长度（检测时间，尾数、体长、体重、活力）；养殖模式，池中虾的数量测定（时间方法、估计数量）等，以上内容都要认真作详细记录，便于及时发现、分析与解决问题，有利于积累经验，也是健康养殖数字记录规范化的依据。

特别要强调的是,由于健康养殖系统是由整个养殖的系列工程的生产与管理各环节构成的,除了种苗外,更为重要的就是养殖环境的管理和营养及病害的防治管理等。若单纯强调 SPF 虾的培育,而忽视了以上各环节的综合管理,同样会导致病原的入侵及病害的流行和暴发。因此,高健康无公害养殖才是可靠完善的控制病害的养殖系统,才是生产安全食品的保证。

11. 收虾与养殖污水的处理排放

收虾是养殖业者最后一个生产环节,也是养虾人希望所在,适时收虾是对虾养殖丰产丰收的一个重要因素。从国际市场的需求来看,规格大的成品对虾售价和市场走势优于规格小的成品对虾,要提高生产效益和稳定市场,必须提倡养成大规格成品对虾。

对虾养殖受气候、天气和市场因素影响明显,生产中要把握时机,适时收获,以获得理想的经济效益。收虾之前,池虾必须经检验检疫部门检疫合格方可出池销售,确保商品虾是无公害安全食品。

二、养殖污水的处理排放

目前对虾养殖的废水基本上是未进行处理就排入大海,特别是有些发病死亡的虾池,连同病死虾一起将废水排入周边的大海,造成"一池发病、众池遭殃"的局面,有的地区一旦有一个虾场发病和排水,就引发其他虾场被传染而大面积发病。此外,在养殖中大量使用抗生素和消毒剂,这些药物与虾池废水直接排放进入大海,从而对海洋生态环境造成破坏,甚至危及人类的健康。

养虾废水的无害化排放,首先要控制消毒剂和抗生素的大量使用,采用洁净的生产工艺进行对虾养殖,从源头上减少污染源的产生;其次是使用理化方法(如过滤、沉淀、吸附技术),截留虾池的废物,特别是固体废物,再用生物净化(如海藻净化、大型水生植物净化)技术处理后排入大海,从而防止虾池废水造成沿岸水体(特别是内湾)的富营养化及其带来的环境问题。

每一茬收完虾,必须对养殖池塘进行清淤、冲洗、晒池,特别是泥沙底池塘，更应该充分曝晒，使池底的有机质氧化分解。

现把过滤海水防病养虾系统的整个养殖技术程序介绍如下。

1. 过滤海水防病养虾系统的工程设计与建造

（1）水源过滤处理与贮存系统　水源的过滤处理是预防病害发生的第一步，也是该系统最关键的部分，应根据选址虾场及其海滩的自然条件采取"井式"或"贮水池式"过滤处理及贮存系统。

采用"井式"过滤系统一般是直接在海滩上建造"过滤海水井"，直接提取海水用于对虾养成和苗种培育。

采用"贮水池式"是提取经初过滤后的海水贮存在贮水池中，经"贮水池"进一步沉淀净化处理后再用于对虾养成和种苗培育。

该系统的工程设计的关键是要保证有足够的水量供应，对于一般集约化养殖场而言，其日供水量以不低于全场用水量的 1/10 为宜，当然供水量越大越好。例如：设计一个养殖面积为 100 亩（6.67 公顷），单池面积为 0.67 公顷（10 亩）的集约化养殖场，日供水能力应达到 24 小时内灌满一口池塘的要求。

（2）高标准膜底池塘　底质污染和老化是影响对虾池塘养殖成败的关键因素之一。高标准膜底池塘的应用可以从根本上解决虾池的底质污染和老化问题。它的设计关键在于不管是何种底质的池塘，都应以光洁的工程塑料膜来铺底。目前，佛塑股份经纬公司生产的养殖专用防渗膜具有良好的性价比，是铺设高标准膜底池塘的理想材料。以前在"高位池"建造过程中，采用"农膜加沙覆盖"的方法来建造池塘，虽然在短期内能解决池底污染的问题，但是随着养殖时间延长，特别是经过 2～3 造养殖以后，采用"洗沙的方法"，难以彻底消毒池底的污染，从而不得不采用大量消毒剂来消毒池底，既增加了成本，又对生态环境产生负面影响。膜底池塘能彻底解决底质的污染问题，收虾完毕，可用高压水枪将池底彻底冲洗干净。下一造养殖时洗净的膜底池塘如同新池塘。

（3）中央排污系统　集约化对虾养殖池塘必须配备大量的增氧机，增氧机除向虾池提供大量的溶解氧外，还具有搅动水流的作用。虾池中央排污系统的建造正是利用增氧机搅动水流的作用，在具有一定坡度的虾池中央，建造中央排污口和中央排污管道，使虾池养殖中产生的污物（残饵和粪便）在增氧机搅动的水流作用下向虾池中央集中，并通过埋设在池中的排污管道排出池外。中央排污系统的建立可以实现虾池的随时排污，从而保证虾池的水质稳定。为了充分发挥虾池增氧机和中央排污系统在适时清除虾池废物中的作用，虾池一般设计为圆形池或方形圆弧形池，圆形池效率最高，但会浪费部分土地，方形圆弧角形池有利于节省土地，但排污效率不及圆形池。为了便于虾池管理和使中央排污系统排污比较顺畅，提高排污效率，膜底池塘的单池面积以 0.5～0.7 公顷为宜。中央排污的废物集中于排污池经消毒处理后才能排入大海。

2. 过滤海水防病养虾系统的养殖技术体系

（1）虾苗管理技术　虾苗的健康状况和带病与否是影响养殖成败的关键之一。必须采取两个主要技术步骤：一是用健康培苗技术培育虾苗；二是用 PCR 和 RT-PCR 技术对虾苗进行 WSSV 和 TSV 快速检测，并对虾苗带病状况做出评估，以保证放养的虾苗健壮无病。

（2）饲料管理技术　用全人工配合饲料进行对虾集约化养殖。高位池养殖放苗密度较高，水源又经过过滤或净化处理，池水中没有可供虾苗摄食的基础饵料。因此，首先采取当天放苗当天投饵的新方法进行养殖；其次是选择优质高效的人工配合饲料，并根据对虾的不同生长期投喂不同大小和营养成分的饲料，并严格控制好投饵量，做到准确投饵。因为高密度集约化养殖对虾，密度和投饵量都很大，投少了会造成对虾摄食不匀和自相残杀，投多了会很快造成水质恶化，所以准确控制投饵量是关系到集约化对虾养殖成本高低和养殖成败的关键因素之一。

（3）水质管理技术　水质因子控制在对虾的适宜范围之内，与一般的养殖技术一样。水质的调控是关系到对虾病害发生、生长速度、养殖产量和商品虾质量的关键因子，是整个集约化对虾养殖过程中最关键的环节。本系统水质管理技术与其他模式相比，最大的不同在于通过换水和生态制剂等来维持水质的稳定，而不是通过大量使用消毒剂、抗生素或其他药物来调控水质的透明度和水色。采用该技术对于水质的透明度和水色的需要并不十分严格，维持水质的相对稳定是本技术的核心。

（4）病害管理技术　病害管理的关键是预防。首先是做好病毒病的预防处理工作，主要是通过过滤系统彻底清除敌害生物和病毒的媒介生物，保证水源和虾苗不带病毒；其次是通过实施换水和使用生态制剂稳定水质，以预防细菌性和其他疾病的发生；再次是适时补充足够的营养强化和免疫强化物质，如维生素C（杭州高成生物营养技术有限公司研制的高稳西）、活性物质、球蛋白、鱼虾壮元（广州市嘉仁高新科技有限公司研制生产）以及广州市绿海生物技术开发有限公司研制的虾蟹宝产品等免疫强化物质，保证对虾自身的防御系统发挥作用。最后是即使在出现病害的情况下也主要采用中草药等对环境无害的药物进行处理。

（5）对虾品质管理技术　虽然高产高效益是本技术所要达到的主要目标，但本技术并不一味地片面追求高产，而是将优质作为本技术追求的首要目标，尽量根据虾塘的具体情况，找到产量和效益之间的最佳结合点。在对虾品质管理方面，首先是按照国际市场的需求，生产大规格的符合国际市场需要的商品对虾；同时，注重在整个养殖过程中采用洁净化生产工艺，按照绿色食品的要求进行对虾生产。在该技术推广示范点中，生产的商品虾无论是斑节对虾、南美白对虾还是新引进的蓝对虾，均达到50尾/千克的标准规格。

3. 过滤海水防病养虾系统的效果及推广应用

在对虾养殖生产实践中创造了"过滤海水防病养虾技术"后，自1999年初在海南和湛江等地首次进行大规模示范应用以来，首先在南美白对虾和斑节对虾的养殖试验中取得成功。2000年引进细角滨对虾（蓝对虾）以后，又在细角滨对虾的养殖中取得了成功，已取得的三种主要养殖对虾进行"过滤海水防病集约化养殖"的结果如下。

在南美白对虾养殖中的应用：放苗规格体长0.7～1.0厘米，放苗量为57万～75万尾/公顷，养殖周期72～120天，多数为

80～100 天，单造平均产量为 4.5～10.5 吨/公顷，最高单造单池产量达 12.8 吨/公顷，收获规格 40～70 尾/千克。

在斑节对虾养殖中的应用：放苗规格为 1.0～1.2 厘米，放苗量为 75 万～108 万尾/公顷，养殖周期 90～150 天，单造平均产量为 4.8～9.0 吨/公顷，最高单造单池产量达 9.8 吨/公顷，收获规格 28～60 尾/千克。

在细角滨对虾（蓝对虾）养殖中的应用：放苗规格为体长 0.7～1.0 厘米，放苗量为 60 万尾/公顷，养殖周期 90～120 天，单造平均产量 4.5～8.3 吨/公顷，最高单造单池产量到 9.8 吨/公顷，收获规格 50～60 尾/千克。

到 2001 年，该技术已直接推广应用了 100 多公顷，在海南三亚、陵水、万年以及广东徐闻、湛江等正在继续进行，并推广到江浙沿海，有的地方是直接或间接采用该防病养殖模式及其技术体系。

4. 过滤海水防病养虾技术的应用前景

过滤海水防病养虾技术首先克服了水源带病这一关键问题，有效地预防了病毒病的暴发流行，彻底地预防了敌害生物的危害，大大地提高了病害控制的有效性和对虾养殖的成功率，使多年困扰对虾养殖业的病害问题得到了有效解决；第二，该技术在充分应用全人工配合饲料，在高效机械增氧系统的基础上，创立了采用廉价防渗土工膜和具有中央排污系统的"膜底养虾池"，从而彻底解决了虾池底质老化和污染残留的问题；第三，该技术采用微生态制剂和适时换水，调控水质，有效地解决了虾池水质问题。病害预防、底质处理和水质调剂技术，使困扰对虾养殖多年的几个技术关键取得重大的突破。因此，该技术系统可望成为今后对虾集约化养殖的首选模式。

此外，过滤系统和膜底池塘不仅在对虾养殖中可以应用，而且在其他海洋生物和淡水鱼虾养殖中具有通用性。因此，为解决水源污染和池底老化问题，采用这一系统进行淡水鱼虾和其他海洋生物的集约化养殖将很快成为现实。水源过滤净化处理和膜底池塘的应用将会给整个水产养殖技术的发展带来根本性的变革。

第五节　南美白对虾无公害健康养殖与 HACCP 管理体系

2000 年初，欧盟对我国全面禁止动物源性产品的进口后，日本和美国也相继对我国的鳗鱼和虾类产品中抗生素残留超标等问题，发出预警通报并采取最严厉的检测措施。这使我国水产品出口加工企业受到严重打击，对水产养殖业也产生了广泛影响。这也是我国加入 WTO 后水产业受到最严重的冲击和挑战。更为重要的是，当前我国对虾养殖技术及管理上存在许多问题，种质质量较差、病害蔓延、滥用药物、养殖环境严重恶化，导致养殖的对虾产品质量下降，影响食品安全。

为此，必须加强"从池塘到餐桌"全过程的食品安全管理，才能保证食品的质量，所以水产养殖一定要建立无公害健康养殖的系统工程管理体系。1999 年，国家水产品质量监督检验中心起草的行业标准 SC/T 3009 水产品加工质量管理规范基本上采用 HACCP 原则作为水产品质量的保证体系，依照规范要求进行的水产品生产活动属于无公害健康养殖。两者是一致的，既强调了生产过程中各种指标实施，又强调终端水产品的严格要求，全部要求数字化达标记录，是水产品质量认证的依据。HACCP（Hazard Analysis and Critical Control Point 的英文缩写）的意思是危害分析与关键控制点。20 世纪 60 年代，美国发展空间飞行食品质量的要求，在许多环节上采取有力的措施，确定控制临界点，防止有害因子影响。每一步骤都实行严格管理，以保证产品的安全性和稳定性。随着人们对食品安全问题越来越关心，并不断给水产品加工企业施加压力，要求确保食品的安全，无公害健康养殖势在必行。

一、无公害健康养殖与 HACCP 管理体系

无公害健康养殖的整个系列工程与 HACCP 管理体系是一致的，是确保食品安全的预防体系，但它不是一个独立存在的体系，而是一个"从水产种苗到餐桌"的更大的控制程序体系的一部分。在水产品加工企业中，HACCP 必须建立在食品安全项目，例如

"良好操作规范（GMP）"和可接受的"卫生标准操作程序"（SSOP）的基础上才能运行。相对于水产养殖生产而言，GMP即是一种具体的鱼虾商品养殖的质量保证体系，其要求养殖场在种苗培育孵化、养殖生产、捕获、运输等过程的有关人员配置、建筑设施和产品质量管理都要符合良好的水产养殖规范（Good Aquaculture Practice，简称GAP），以达到防止养殖产品在不卫生条件或可能引起污染的环境下生产，减少生产事故的发生，确保养殖产品安全卫生和品质稳定，在水产养殖生产中使用的水产养殖系统工程能满足GAP要求的水产养殖技术操作程序（Aquaculture Technique Operating Procedure简称ATOP）。

　　HACCP体系运行的基础条件最少应包括如下几个方面。

1. 无公害水产养殖技术规范或良好水产健康养殖操作规范

　　规范规定了养殖食用水产品过程中的生产环境要求，养殖设施，种苗质量，水产品引进准则，饲料、肥料、鱼药的使用准则，养殖技术规范，水产品运输及暂养，水产品质量验收等技术环节。

2. 采用标准

　　（1）GB 11607—89　渔业水质标准

　　（2）NY 5071—2002　无公害食品　渔用药物使用准则

　　（3）NY 5072—2002　无公害食品　渔用配合饲料安全限量

　　（4）NY 5052—2001　无公害食品　海水养殖用水水质

　　（5）NY 5073—2001　无公害食品　水产品中有毒有害物质限量

3. 水产养殖生产流程

　　（1）种苗　每批种苗进场后，由接收员验收。检查种苗供应商所提供的种苗质量合格证书。

　　（2）水源　水源水质应符合NY 5052—2001　无公害食品　海水养殖用水水质的相关要求。

　　（3）肥料　允许使用的有机肥料有堆肥、沤肥、厩肥、发酵肥等；允许使用的无机肥料有尿素、硫酸铵、磷酸铵、氯化钙、重过磷酸钙、过磷酸钙、磷酸二铵、磷酸一铵、石灰、碳酸钙和一些有机复合无机肥料。肥料施用方法及数量控制参照SC/T 1016.5执行。

（4）渔药的使用　应严格按照农业部有关规定，严禁使用未经取得生产许可证、批准文号、产品执行标准号的渔药。禁止使用无"三证"渔药，高毒、高残留渔药，具有致癌、致畸、致突变的渔药。主要禁用药物和限制使用药物品种应符合《GB 18406.4 无公害水产品安全要求》、《NY 5071—2002 无公害食品　渔用药物使用准则》、《NY 5070—2002 无公害食品　水产品中渔药残留限量》的规定。

（5）饲料及其添加剂　使用的饲料质量符合国家规定，添加剂的添加量应符合行业或地方标准规定的值或标准中推荐的值。选用抗生素及其他药物作为饲料添加剂，其原药质量应符合国际要求，不得选用国家规定禁止使用的药物。

（6）活体运输及暂养　运输及暂养水质应符合渔业水质标准；运输用的载体材料应无毒无害；运输过程严禁使用麻醉药物；暂养所用的场地、设备均具备卫生、无污染等条件。

二、无公害健康养殖中的危害分析

1. 与种苗有关的潜在危害

种苗体内不含致病菌（不带菌），即使受到其他微生物污染，也会在养殖过程中，通 GMP 和 ATOP 作用得到控制。

2. 与环境中化学污染物有关的潜在危害

如果养殖水体受到工业废水和生活污水的污染，通过食物链和生物富营养化，会对人体健康构成严重危害。化学性危害主要是重金属（汞、镉、铅、铬等）、氰化物、氟化物、有机农药、多氯联苯、苯酚等。对环境中化学性的危害，可以通过 GAP 和 ATOP 控制。按照 GAP 的要求选择养殖场的场址和水源；实地考察渔场及周围土地和水源中的化学污染物的含量水平，养殖场周边的农业、工业使用土地的情况；每年测试土壤及水样中化学污染物含量水平是否超出 GAP 或《GB/T 18407.4—2001 农产品安全质量　无公害水产品产地环境要求》、《GB 18406.4—2001 无公害水产品安全要求》。

3. 饲料及其添加剂有关的危害

养殖期间使用不合格的饲料、饲料添加剂等化学物质，若超出安全水平，残留在对虾体内的有害物质会随人们食用而进入人体，使人体健康受到危害。

4. 与肥料有关的危害

如果虾塘施用未发酵的粪肥，会导致鱼虾受到致病菌、寄生虫卵等污染，若人们生食或吃未经充分煮熟的产品，给人体造成潜在的危害。由肥料产生的危害可通过 GAP 和 ATOP 控制（如遵守肥料施用方法及数量控制，参照 SC/T 1016.5 执行）。

5. 与渔药有关的危害

在养殖期间不当或非法使用药物，过量的药物残留在鱼虾体内，当人们食用残留超标的鱼虾食品，会使人体产生过敏，甚至导致癌症的发生，严重危害人体健康。

6. 与运输有关的危害

养殖的水产品在捕捞和运输时，主要受到来自微生物、化学物质方面的污染，可用 SSOP 程序控制。

三、关键控制点（CCP）的确定和关键限值的设置

根据危害分析和 CCP 判断原理或水产品危害控制措施的信息来源及欧盟、美国、日本等国家的最新信息来源，确定水产养殖过程中的 CCP 和关键限值如下。

1. 饲料的投喂

应严格控制使用不合格的饲料和滥用药物、饲料添加剂，导致鱼虾体的残留和有害物质超出安全指标。设置关键限值，符合《GB 13078 饲料卫生标准》、《NY 5073—2001 无公害食品　水产品中有毒有害物质限量》、饲料生产商的产品合格证。

2. 渔药的使用

设置关键限值符合《NY 5070—2002 无公害食品　水产品渔药残留限量》、《NY 5071—2002 无公害食品渔用药物使用准则》、渔药质量合格证、产品说明书。

四、关键控测点（CCP）的监控程序

HACCP 计划表如下。

(1)	(2)	(3)	(4)	(5)	(6)	(7)	(8)	(9)	(10)
关键控制点（CCP）	显著危害	关键限值	监控				纠偏行动	行动	验证
			对象	方法	频率	人员			
饲料接收	使用不合格的饲料会使鱼虾体内的残留超出安全水平	必须要有符合规定的饲料厂产品合格证,质量保证书	产品合格证、质量保证书	观察	每一批次	质量控制人员	拒收	饲料接收记录	复查每日记录
渔药使用	使用不当和非法使用致使鱼虾体内残留超出安全水平	按药物说明使用,按规定剂量使用,依照良好操作规程使用。药品适合在养殖产品中使用	药物残留量休药期限	观察化学分析检测	每次起捕前每次药物使用时	质量控制人员	缓捕,延长休药期	药品使用记录药品使用证书残留药物测试记录	复查每次药品使用记录、证书药物残留限量测试

五、HACCP 体系在无公害养殖中的应用

1. 对无公害健康养殖必须有充分的认识

目前,我国对虾养殖技术标准化尚不足,广东省正在加强南美白对虾健康养殖技术的标准化,如何在无公害健康养殖中以 HACCP 体系管理的应用基础为准则,与国际接轨,尤为必要和迫切。

2. 加强对养殖业者的食品安全知识的培训与教育

引导他们从无公害健康养殖做起,养殖生产安全食品。

特别要强调,由于无公害健康养殖系统是由整个养殖的系列工程的生产与管理各环节构成的,除了种苗,更为重要的就是养殖环境管理和营养及病害的防治管理等。若单纯强调 SPF 虾的培育,而忽视了以上各环节的综合管理,同样会导致病原的入侵及病害的流行和暴发。因此,高健康无公害养殖要密切与 HACCP 管理体系相结合,才是可靠完善的控制病害的系统,才是生产安全食品的

保证。

现把对虾养殖质量安全示范与常规对虾养殖的比较列表于下（表4）。

表4　对虾养殖质量安全示范与常规对虾养殖比较

项目	对虾养殖质量安全示范基地	常规对虾养殖对照场
放养方式	限制养殖容量，放养苗种经过PCR病毒检测	高投入高密度的放养方式，放养苗种未经过病毒检测
养殖管理	从苗种到餐桌全过程质量控制	凭经验进行管理
环境监控	环境监测网络和按规定使用无公害渔药，饲料和渔药仓库分开管理	凭肉眼或简单仪器设备进行观察，定期有养殖场水质检测报告
饲料和渔药	使用高品质饲料和按规定使用无公害渔药，饲料和药库分开管理	使用常规饲料和抗生素类药物，饲料和渔药仓库没有分开管理
养殖日志和用药记录	有完整和规范的养殖日志和用药记录	无完整和规范的养殖日志和用药记录，或只有简单的记录
实验室的配备	配备常规实验室，建立了实验室管理制度	无实验室，或只有简单实验仪器
人员培训	定期进行无公害养殖管理和HACCP管理的培训，虾苗繁育和鱼病防治人员实行持证上岗	无培训计划，养殖场人员素质较低
产地认证	建立了质量安全管理体系，并经过有关部门验证，并获得无公害产地认证	传统的管理模式，没有进行无公害产地认证

当前不少地方都在建立对虾养殖质量安全管理示范基地。按照健康养殖系统的规范进行养殖。根据农业部31号令的精神，要求各示范基地要做好养殖档案和用药记录。

建立养殖记录是养殖场质量管理的重要文档资料，必须保存好养殖场生产过程中的生产用药记录，并把观察到的重要现象及时记录下来。

通过建立养殖生产和用药记录制度，不但有利于养殖业者掌握生产动态和投入产出情况，进行生产效益核算，而且有利于养殖者掌握水质变化，病害发生情况和渔药、渔用饲料等投入品的使用情况，一旦发生产品质量安全问题，便于及时查找原因，提出有效对策。同时，有利于加强对产地环境的管理，有效保护生产者的生产权益。此外，有利于推动创名牌、创品牌活动，促进产品质量的提高。

　　现把对虾养殖质量安全管理示范基地的有关渔药验收记录（表5）、药物使用情况记录（表6）、水产养殖生产记录（表7）、水产养殖用药记录（表8）等所需纪录的表格列于下。

表5　渔药验收记录（Drug Receiving Record）

药品名称（Drug name）：　　　　　　验收日期（Date of check）：

进货日期(Date of stock)		供应商(Supply)	
数量（Quantity）		规格(Specification)	
产品批号(Lot No.)		批准文号(Authorize No.)	
失效日期(Exp. Date)		合格证明(Prove)	

验收结果(Result of checking)

结论(conclusion)　　　　接收(incept)　　　　退货(reject)

执行者（executor）　审核者（assessor）　审核日期（date of auditing）

表6　药物使用情况记录（The Use of Drug Record）

药物名称（Drug name）：

日期 (Date)	用途 (Purpose)	现存量/kg (Extant)	使用量/kg (Use)	剩余量/kg (Residual)	执行者 (Execute)	审核者 (Assessor)

表7 水产养殖生产记录

池塘号： 面积： 亩 养殖种类：

饲料来源		监测单位	
饲料品牌			
苗种来源		是否检疫	
投放时间		检疫单位	

时间	体长	体重	投饵量	水温	溶氧	pH 值	氨氮

养殖场名称： 养殖证编号：（ ） 养证 〔 〕第 号

养殖场场长： 养殖技术负责人：

表8 水产养殖用药记录

序号						
时间						
池号						
用药名称						
用量/浓度						
平均体重/总重量						
病害发生情况						
主要症状						
处方编号						
处方人						
施药人员						
备注						
记录人						
复核人						

第五章 南美白对虾的主要病害与防治

对虾的病害，特别是病毒性疾病，如白斑综合征病毒（WSSV）、桃拉病毒（TSV）和传染性皮下组织坏死病毒（IHHNV），是我国养殖南美白对虾和南美蓝对虾（细角滨对虾）的主要威胁，尤其白斑综合征病毒（WSSV）病，目前在我国一些地方时有发生和流行。另外，细菌、真菌和附着生物等引起的病害也是对虾养殖过程中的常见病害。病害成为世界对虾养殖业共同面临的严峻挑战，对虾病害的研究已成为世界海洋与水产科学研究中的重点。因此，开展以对虾病毒病为中心的无特定病原（SPF）种苗繁育和防病养殖模式的研究，对于有效预防发生和促进对虾养殖业可持续发展具有重大意义。

南美蓝对虾的病害大致与南美白对虾类似，可分为生物源性疾病和非生物源性疾病两大类。前者包括病毒、细菌、真菌、原生动物等；后者如肌肉坏死病、痉挛病、软壳病和营养性病等。

现把主要病害的病原和预防分述如下。

第一节 南美白对虾的病毒病与防治

一、病毒病种类

从目前我国养殖的南美白对虾来看，在养殖期间严重影响生产的病毒主要有三种：白斑综合征病毒、桃拉病毒和传染性皮下及造血组织坏死病毒。

1. 白斑综合征病毒病

（1）病原　是一种具有囊膜的无色液体（亚群杆状病毒，图23），成团或分散于受侵害的细胞核或细胞质中，其侵害的组织广泛，包括皮肤上皮、消化系统上皮、淋巴器官、触角腺、造血组织、鳃、血淋巴细胞、肌肉纤维质细胞等，可称为全身性感染。受感染的虾死亡率极高。

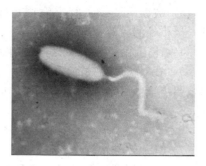

图 23　白斑病毒粒子

（2）症状　受感染的病虾活力下降，在池边缓游或伏卧，不摄食、空胃、游泳无力、反应迟钝、体色正常或微红、或变成红或暗褐色。病虾的头胸甲易剥开，腹部容易揭开而不连真皮。病虾甲壳上有白色圆点，以头胸甲处最为明显，严重者白色圆点连成白斑布满头胸甲，肉眼可见，在显微镜下观察呈重瓣的花朵状。大部分病虾第二触角折断、鳃发黄、肿胀、肝胰腺肿大、颜色变淡、糜烂，可在几天内大批死亡，若水质环境稳定，营养全面则可在 1 个月内陆续死亡。有时来势凶猛，水质恶化，全军覆没。

（3）流行情况　主要传播途径为带病毒的食物，水中的病原粒子亦可经鳃腔膜的微孔进入虾体，引起鳃及全身的病变。死亡的进程随着体长的增大而缩短，即大虾死亡要比小虾快得多。

环境条件是诱发白斑综合征病毒发病的主要因素。水温在 $20\sim26℃$ 时发病猖獗，为急性暴发。因此，北方夏初、秋季，南方在水温较低的第一造早期、第三造季末养殖期间易发此病。此外，天气闷热（南方是遇到寒潮）、连续阴天、暴雨、池中浮游单胞藻类大量死亡，水变清、池底质恶化均可诱本病暴发。如果虾苗带病毒，随时可诱发，特别是在环境突变时，虾病会随时暴发并引起对虾大量死亡。

（4）防治方法　对白斑综合征病毒病，目前立足预防，根本措施是强化饲养管理，增强抗病免疫力，进行健康养殖，采取全面综合预防。

1）彻底清塘消毒除害。

2）严格对种苗进行检测、杜绝病原从种苗带入。

3）放养 SPF（无特定病原）或 SPR（抗特定病原）健康苗种，严格控制放养密度。

4）使用无污染和不带病原的水源。

5）投喂优质高效的配合饲料，并在饲料中添加 0.2%～0.3% 的杭州高成生物营养技术有限公司出产的高稳维生素 C 和鱼虾壮元。

6）保持虾池环境的稳定，定时施放有益微生物制剂。

7）虾池要有增氧设备，常开启增氧机，并进行水质检测。

8）加强巡塘、多观察、发现池水变色要及时调控，遇到流行病时，暂时封闭不换水。

9）要科学投喂饲料少吃多喂，可经常投喂中山大学生物科学学院研制的强力病毒康。

10）防止细菌、寄生虫等诱发性疾病，或采取相关药物防治。

11）有条件的最好采取铺防渗土工膜切断水平传播。

2. 桃拉病毒病

（1）病原　该病毒病原是直径 31～32 纳米的桃拉病毒，单链 RNA，球状。主要宿主为南美白对虾和南美蓝对虾，靶器官为甲壳上皮（附肢、鳃、胃、食道、后肠）、结缔组织等。

（2）症状　病虾不摄食、消化道内无食物；游泳无力、反应迟钝、甲壳变软、虾体变红、尤其是尾扇变红，所以本病又称红尾病。一般幼虾（0.5～5 克）发病严重，死亡率高达 80%～90%。幸存虾甲壳有黑斑存在，即虾壳角质有黑化病灶。

该病传播途径：带毒的亲虾和种苗、水中的甲壳动物、水鸟粪便、冰冻虾、死虾（病毒可在体内存活 1 年以上）等。

桃拉病毒病有急性期和慢性期（恢复期）两种病程，其症状有些不同。

急性感染常发生在幼虾期，种苗放养至养殖后 14～40 天，会发生养殖的虾群大量死亡，死亡率高达 90%。病虾不摄食，昏睡、体色素扩散，即肢体及尾部发红。残存的虾会转为慢性感染，在下次蜕皮时会再次转为急性感染。成虾多为慢性感染，死亡率通常小于 50%，其次，虾壳有多处坏死区域。那些感染急性期残存并于蜕皮阶段的个体表皮会有多个随机分布形状不规则凹下的黑色沉着损伤，这种症状是慢性期和恢复期的特征。慢性期的虾大多行为正常，经过蜕皮，病虾会蜕掉带有黑色斑点的外表皮。这样病虾表皮没有黑色斑点，不过有的虾表皮有已褪色的损伤，这些损伤可能是原先坏死区域的痕迹。目前可用 PCR 等方法来诊断该病。

（3）流行情况　主要流行在美国、巴拿马、厄瓜多尔等美洲地区，我国在南美白对虾和南美蓝对虾养殖中均有发现和流行。

（4）防治方法　对进口的亲虾要严格检测，严禁购买走私虾苗和来历不明的亲虾。

防治方法与白斑综合征病毒病相同。

3. 传染性皮下及造血组织坏死病毒（IHHNV）

（1）病原　传染性皮下及造血组织坏死病毒（Infectious hypodermol hematopoietic necrosis virus，简称 IHHNV），1983 年由 Lightner 首次报道，属细小病毒科，病毒粒子直径约 20 纳米，单链 DNA，该病毒感染外胚层组织（如鳃、表皮、前后肠上皮细胞、神经索和神经节）以及中胚层器官（如造血组织、触角腺、性腺、淋巴器官、结缔组织和横纹肌），在宿主细胞核内形成包涵体。

（2）症状　此病是南美白对虾与南美蓝对虾常见的一种慢性病，病虾身体畸形、成虾的个体大小参差不齐，池塘可见许多个体极小的虾，此病死亡率不高，但得病后的虾养不大，损失比虾死亡还大。因为患此病的虾一直在吃饲料，浪费水电及人工等。如果早发现，应当机立断及早处理掉。养殖业者可依据病虾的外观症状以及病虾在池塘打转游动的行为、流行情况等特征进行初步诊断或请专家加以鉴别。

（3）流行情况　此病在美洲和亚洲大部分地区发生，对对虾养殖影响较大，可传染斑节对虾、日本囊对虾、细角滨对虾和南美白对虾。

（4）防治方法　同白斑综合征病毒病。感染 IHHNV 的对虾如不死亡，会终生明显带毒，并会通过水平和垂直传播给别的虾和下一代。该病给对虾养殖业带来极大的威胁。

二、对虾病毒病的诊断方法

随着科学技术的不断进步，生物学家已经可以应用分子生物学技术在细胞或细胞超微结构的水平研究对虾的病变和病毒结构。

目前我国华南地区的海洋、水产科技机构和一些高等院校都具备对虾病毒的检测设备。中国科学院南海海洋研究所和中山大学生命科学学院均成功研制病毒测试剂盒，并与中国科学院南海水产研究所等科研机构为华南地区培训了不少检测技术员，广东海洋大学也为湛江地区培训了检测技术人员。现将对虾病毒病诊断方法介绍如下。

1. 现场目视观察法

现场目视观察法是通过了解现场养殖过程中对虾急性和慢性死亡的情况，结合现场进行对虾头胸甲剥离是否头胸甲出现白斑，病虾甲壳变软易剥离，虾体发红或肝胰脏病变状况等，对虾暴发性流行病的典型症状而进行诊断。这种方法可在现场情况紧急且没有其他诊断手段时应用，以采取应急措施，减少损失。

2. 电镜观察法

电镜观察法是最为直观的检测病毒性病原的方法，但具有操作复杂、实验条件严格以及样品处理时间长等缺点，不能用于生产中病毒病的快速诊断以及大量实验样品的检测，仅适用于大规模生产实践的大养殖场的实验室内进行。

3. TE 染色法

TE 染色法是一种可用于现场诊断对虾暴发性流行病的方法。取对虾组织样品用 TE 染色后，在光学显微镜下观察病变细胞。黄健等（1995）筛选出两种既可混合在一起，又能将对虾肝胰腺涂片的细胞核与细胞质分别着色的染色剂台盼蓝和伊红 Y。用含 0.6％台盼蓝和 0.2％伊红的混合染色液涂染肝胰腺细小病毒感染的对虾肝胰腺样品，观察到细胞核内的病毒包涵体。

宋晓玲等（1996）的 TE 染色光镜快速诊断，取死亡亲虾（中国明对虾）的胃上皮用 TE 染液进行压片染色，可观察到细胞核内空泡化、胞核肿大，即为阳性发病。

此法具有快速简便的优点，一般 10 分钟左右即可得到结果，适用于现场诊断对虾暴发性流行病，但这种方法需要操作者具有较丰富的实践经验。

4. 核酸探针技术

核酸探针技术是指被某种物质标记从而可以被探测到的核酸片段，它能特异性地与待检测核酸样品中的特定 DNA 结合。核酸探针技术实质上是利用核酸杂交原理来检测对虾病毒，其中点杂交是常用的一种核酸探针杂交方法，也是用核酸探针诊断病毒病的首选方法。它具有快速、准确、灵敏、操作简单，不需要昂贵的实验设备，易于大量制备等优点，其缺点是灵敏度较 PCR 方法低。

因标记物不同，核酸探针可分为放射性和非放射性两种核酸探针。放射性核酸探针含有放射元素（一般是 ^{32}P、^{3}H、^{35}S），其优点是廉价（与非放射性核酸探针相比），灵敏度高，缺点是易造成放射性污染，具有较高的危险性，且标记后必须立即使用，不能长期存放。非放射性探针则含有非同位素标记物，如地高辛、生物素等。非放射性探针完全克服了放射性探针危险、有效期短等缺点，在灵敏度上也接近放射性探针，近年来得到了广泛的应用。

应用地高辛核酸探针检测对虾病毒的一般过程是：首先，将样品中的 DNA 收附在杂交膜上，然后与病毒的核酸探针进行杂交，杂交后加入偶联有碱性磷酸酶的地高辛（作为抗原）进行抗原—抗体反应，最后加入显色剂（Bcip 和 NBT 它们是碱性磷酸酶的底物），显色剂在碱性磷酸酶的作用下发生反应，从而直接在杂交膜上显色、阳性信号（黄色），表明病毒核酸的存在，检测出病毒核酸就充分说明样品已被病毒感染。

5. 原位杂交技术

原位杂交是利用放射性或非放射性标记的已知序列 DNA 和 RNA 探针，在细胞或染色体上与其互补的核酸序列配对杂交，再经放射自显影或免疫荧光、化学发光，在杂交原位上显示杂交体的技术。Bruce 等（1993）用原位杂交的技术检测对虾的杆状病毒。Poulos 等（1994）用非放射性标记的 DNA 探针来检测斑节对虾的杆状病毒（MBV）。

原位杂交技术是在石蜡组织切片上进行的核酸探针杂交反应。其过程是首先按一般石蜡组织切片技术将对虾组织做成石蜡切片，然后在此组织切片上加入病毒的核酸探针，进行核酸杂交。经过显色反应后，在光学显微镜下检查对虾细胞被病毒感染的程度。原位杂交技术可以观察到病毒在对虾组织内的感染的情况，并能对其感染过程进行推断，但操作复杂，实验周期长，只能作为一种实验室研究和诊断方法。

6. PCR 技术

PCR 即聚合酶链反应（Polymerase Chain Reaction，PCR），PCR 是 1983 年由美国 Mullis 首先发现的，是一种体外核酸扩增系统。Erich 等（1988）和 Ost（1988）就把 PCR 作为诊断病原体最有效的技术。Brock（1922）和 Lightner 等（1992）用 PCR 来检测对虾的有关病毒。

显然，核酸杂交和 PCR 技术都是分子生物学水平上对病毒病进行诊断，用 PCR 技术检测 WSSV，首先是提取样品中的病毒 DNA，然后加入特异性的引物，用 PCR 仪大量扩增病毒 DNA 片段，最后通过凝胶电泳检查扩增产物，以判断样品中是否有病毒存在。PCR 方法具有灵敏度高的优点，但检测准确性略低，容易出现假阳性，操作繁琐，需要昂贵的 PCR 仪和凝胶电泳设备，且所用药品具有强致癌性，有较高的危险，一般仅适合于实验室使用。目前国内外针对病毒病的防治均已开发出商品化的 PCR 检测试剂盒，中国科学院南海海洋研究所和中山大学生命科学学院均已有专门检测桃拉病毒、传染性皮下造血组织坏死病毒和白斑综合征病毒的试剂盒。

为建立对虾健康养殖体系和加强对虾病毒病的防治工作，全国各地已陆续建立了对虾病害防治检测中心。

7. 点杂交

点杂交是将 PCR 产物固定到尼龙膜上或硝酸纤维滤膜上，用标记与产物内部部分或全长核苷酸序列互补的探针进行点杂交，将未杂交的探针洗掉，通过杂交斑点的放射自显影，估测与样品核酸杂交的探针的量。根据放射性影像的强度确定每一斑点的探针浓度，并同一系列对照作比较以确定核酸的浓度。

Wongteerasupaya 等（1996）用点杂交方法证明 Pm-NOBⅡ不与 BP 探针、IHHNV-DNA 探针和 MBV 探针杂交。Lo 等（1996）

用巢式 PCR 检测虾、蟹和其他节肢动物是否含 WSSV 时，在 one-step PCR 后，再用点杂交方法验证 PCR 产物。核酸扩增后再进行探针杂交实验，将是直接检测对虾病毒最敏感的方法。

许多分子生物学技术都可以用来检测对虾病毒，例如 RT-PCR 等方法。采用分子生物学技术检测对虾病毒，虽然仪器费用高和操作技术要求高，但是灵敏度和特异性高，随着分子生物技术的不断发展和完善，以其作为一种检测对虾病毒手段，将得到普及和应用。

三、对虾病毒病的产生原因及传播途径

1. 对虾病毒的传播途径

病毒是一类严格在活细胞内寄生的非细胞形态的微生物，各种病毒都是以自我复制方式进行繁殖和遗传。病毒侵染的主要靶器官是皮下循环系统，如鳃、胃、心脏、造血器官、生殖腺和生殖细胞。在具备病毒感染条件下，对虾感染病毒病。

那么，对虾病毒病的传播途径是什么？病毒又是如何传播的呢？详细过程如下。

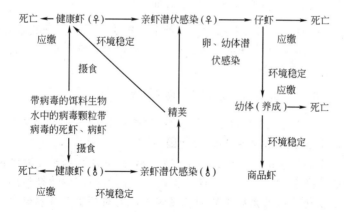

病原体（如病毒、细菌等）从传染源到新的宿主（对虾）之间的传播需借助一定的媒介，即传播途径。虾病毒的传播途径有两条。

（1）垂直传播途径　亲虾（母虾）通过繁殖将病毒传播给虾苗（子代）（图 24）。

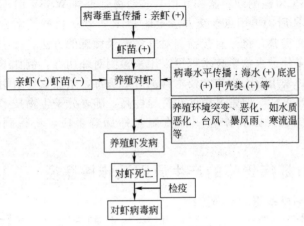

图例：(+)：病毒，(-)：无病毒

图 24　对虾养殖池病毒传播途径：垂直传播与水平传播示意

（2）水平（横向）传播途径（图 25）。

1）病毒通过虾池的污泥 $\xrightarrow{\text{传播}}$ 健康对虾。

2）海水中病毒粒子 $\xrightarrow{\text{传播}}$ 健康对虾。

3）病毒的中间宿主媒介——虾池中的甲壳动物 $\xrightarrow{\text{传播}}$ 健康对虾。甲壳动物包括虾类、蟹类与龙虾类。其他宿主有丰年虫，桡足类以及水生昆虫、海蟑螂等。

4）虾池中的病虾、死虾 $\xrightarrow{\text{传播}}$ 健康对虾。

5）空中飞鸟或池边鼠类等摄食带病毒的对虾 $\xrightarrow{\text{传播}}$ 健康对虾。

2. 对虾病毒病发生的主要原因

病毒病发生的主要原因首先是细菌，然后才是病毒。养殖池中对虾感染弧菌后，成活率下降，同时弧菌的代谢作用使虾池内环境发生了变化；弧菌是病毒病的诱发因子，当对虾受弧菌感染时，虾体免疫力下降，此时病毒趁机大量繁殖，暴发病毒病。病毒可在短短几小时或十几个小时内增殖，少量弧菌对对虾无大影响，而大量弧菌感染对虾时，病虾体内病毒会大量繁殖。病菌、病毒双重感染后，很快就会出现暴发性流行病害。病毒一般经鳃和口腔进入虾体

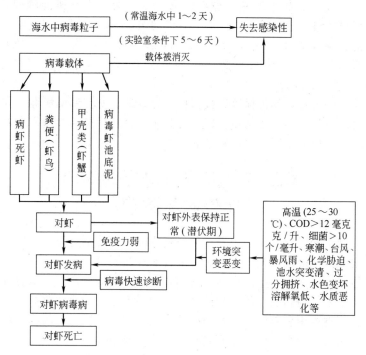

图 25　对虾病毒病横向传播示意

内，破坏对虾的造血功能和消化腺功能而导致对虾死亡。

对虾的病毒病是一种潜在的危险性很大的疾病，病毒只能寄生在对虾活的细胞内，它通过细胞破裂从虾体细胞膜表面出芽的方式传播到其他细胞，也可通过一定的途径感染另外的对虾个体，从而使对虾的组织器官功能降低或丧失，造成对虾死亡。

3. 对虾养殖环境的突变

当养殖环境因自然条件突然改变时，如高温、寒潮、台风过后，污染的池底易被连续大风雨搅起，会造成虾池水环境中理化因子发生骤变（或有毒害因子含量过高），池内大量藻类死亡，池水突然变清，水质恶化，病原菌集中于水底，溶解氧降低。对虾对突然而来的压力难以承受，会发生突然的"应激反应"。

环境压力超过了对虾适应能力，干扰对虾正常机能和代谢，使对虾产生"紧迫"感，对虾某些内分泌酶活性受到影响，导致能量耗竭，抵抗力下降，诱发病原从慢性转化为急性感染。病毒可在体内潜伏数日之久，大量复制增加，导致病毒发作，对虾大量死亡。

对虾病毒病的传播以直接传播，即亲虾、虾苗感染病毒，危害最大。另外，水平传播途径以摄食为主，对虾通过摄食途径感染病毒的能力要大于通过水体感染病毒的能力。

第二节　南美白对虾的细菌性疾病与防治

细菌病是对虾病害中最常见的病害之一，特别是弧菌病对养殖的南美白对虾危害很大。由于弧菌普遍存在于海水环境之中，全球任何一个海水养虾地区都随时受到弧菌感染的威胁。由于弧菌可采用抗生素等药物进行治疗和控制，弧菌感染又往往成为对虾养殖过程中药物滥用和养殖商品对虾中药物残留的直接诱因。因此，对虾弧菌病的控制是对虾健康管理中的一个重要方面。近年来，国内外在弧菌致病机理、快速检测技术和对虾育苗与养成过程中的弧菌控制方面已取得许多新的进展，如密度感应调控（Quorum Sensing，QS）。基因调控系统首先是在弧菌中被发现的，现已在几乎所有的动植物病原菌被鉴定出来，成为细菌根据自身的种群密度特异激活或抑制目标基因表达，协调细菌之间行动的基因调控系统。特别是 QS 系统控制细菌生物膜形成机制的发现，使人们对细菌的致病机理和细菌病的控制方法有了全新的认识，可望通过人工干扰和控制细菌的 QS 系统和细菌生物膜的形成来控制细菌病的危害，而不必采用过去的药物杀灭和抑制细菌的传统方法来控制细菌性疾病。

南美白对虾常见的细菌性疾病有以下几种。

一、弧菌病

弧菌病俗称红腿病，国外称败血病。

1. 病原

副溶血弧菌、鳗弧菌、哈氏弧菌属或气单胞菌属（*Aeromonas*）及假单胞菌属中的一些种类。

2. 症状

附肢变红，特别是游泳足变红，病虾一般在池边漫游，或离群独游。鳃区呈黄色，严重者鳃丝溃烂。肝胰腺和心脏颜色变浅，轮廓不清，甚至溃烂或萎缩。发病后 2～4 小时开始死亡，死亡率高90％。病虾行动呆滞，重者倒伏池边。镜检血淋巴、血细胞减少，高倍镜下可见短杆状细菌。

3. 现场诊断

病虾活动能力减弱、食欲减退、游泳肢变红、鳃变黄。当环境恶化时，游泳足可暂时变红，但环境稳定、增加营养后短时内可恢复。诊断时可将虾池中尚未死亡的虾，取血淋巴于玻片用高倍镜或油镜观察到短杆状细菌。

4. 流行情况

发病季节在 7～10 月，在华南地区 7 月下旬至 10 月中、下旬可引起对虾大批死亡。尤其在第三批养殖，此病感染率高，是南美白对虾养殖中危害较严重的细菌性疾病。

5. 防治措施

（1）放苗前要彻底清塘消毒，淤泥要运到远离虾塘的地方。用生石灰每亩 150 千克或漂白粉（有效率在 30％以上）每亩 25 千克消毒。

（2）下雨季节池水变酸，应经常泼洒石灰调节和消毒，每亩用5～15 千克，要具体掌握，常检测水质，启动增氧机。

（3）池塘藻类多 pH 高，可用二氧化氯消毒，每亩 0.2 毫克/升全池泼洒后，隔 3 天施放沸石粉，每亩 40～50 千克，加虾蟹宝 500毫升混合泼洒，启动增氧机。

（4）定期施放化能异养的微生物制剂和光合细菌。

（5）高温季节，每千克饲料可添加 3～4 克高稳西维生素 C、维生素 E，以及 5％的鱼虾壮元。

（6）有条件的可进行虾池改造，池底铺设防渗透土工膜（广东山经纬塑料集团生产虾池专用），可切断病原体。

二、烂眼病

1. 病原

为非 O1 群霍乱弧菌 [*Vibrio Cholerae*（non-l）]，菌体短杆状，弧形，单个存在，生长适温 35～37℃，盐度在 5～10 生长快，pH 值 5～10 均能生长，适于低盐高温，咸淡水或微碱性的水域中繁殖生长。

2. 症状

（1）病虾多伏于水草或池边水底，有时浮游水面旋动翻滚。

（2）患病初期，病虾眼球肿胀，逐渐由黑变褐，随即溃烂。

（3）病重眼球烂掉，剩下眼柄，细菌侵入血淋巴后，因肌肉变白而死亡。

3. 诊断

肉眼观察病虾眼球溃疡即可诊断。

4. 流行情况

发病季节为 7～10 月，以 8 月为多，感染率为 3%～5%，最高可达 90%，散发性死亡，主要于低盐区域，或不进行清淤消毒、池底污浊的虾池为严重。

5. 防治措施

同红腿病。

三、黑鳃或烂鳃

1. 病原

为弧菌或其他细菌（如气单胞杆菌）。

2. 症状

病虾鳃丝呈灰色或黑色、肿胀、变脆，从边稍向基部坏死，溃烂，有的发生皱缩或脱落，镜检有大量细菌。

3. 诊断

（1）病虾浮游于水面，游动缓慢，反应迟钝，对鳃部变黑的虾可做出诊断。

（2）进一步诊断应区别由固着类纤毛虫或镰刀菌等引起的黑鳃。可从黑鳃处用镊子取少许组织制成水封片。在显微镜下观察，很容易见到固着纤毛虫或镰刀菌的菌丝和分生孢子。如见到运动活泼的短杆菌，可诊断为该病。

4. 流行情况

发病季节为 7～9 月的高温期，通常在养殖环境较好时发病率低，在池底或水质污浊的老化池可常见此病。

5. 防治措施

同红腿病。

四、烂尾病

1. 病原

多种细菌感染或嗜几丁质细菌感染。

2. 症状

尾扇溃烂、缺损或边缘变黑，部分尾扇末端肿胀内含液体，严重时整个尾扇被腐蚀，还出现断须、断足，该病常有发现。

3. 防治措施

(1) 用茶粕 15 毫克/升浸泡后，全池泼洒。

(2) 用沸石粉每亩 20 千克加虾蟹宝 0.5 千克全池泼洒。

(3) 内服高稳西维生素 C 0.3％加 1 千克饲料加鱼虾壮元 1 号 5％，每周 2 次，效果显著。

五、褐斑病

褐斑病又称甲壳溃疡病或称黑斑病。

1. 病原

弧菌属或气单胞菌属，台湾学者认为病原为产生脂酶、蛋白酶、几丁质酶的几种细菌。在此种菌或单独或共同侵袭下，虾壳上溃蚀损害形成褐斑病。

2. 症状

病虾的体表甲壳和附肢上有黑褐色或黑色的斑点状溃疡。斑点的边缘较浅，稍白；中心部凹下，色稍深。病情严重者，溃疡达到甲壳下的软组织中，有的病虾甚至额剑（虾的额角剑突）、附肢、尾扇也烂断，断面呈黑色。虾在溃疡处的四周沉淀黑色素以抑制溃疡的迅速扩大，形成黑斑。致病菌可从伤口侵入虾体内，使虾感染死亡。

3.防治措施

（1）用 25 毫克/升福尔马林泼洒全池，24 小时后换水。

（2）每周投喂 2～3 次高稳西维生素 C 0.3％加 1 千克饲料再加鱼虾壮元 5％，以增强抗病力。

六、丝状细菌病

1.病原

为毛霉亮发菌或发硫菌，丝状细菌中的发状白丝菌是主要的病原。池水肥、有机质含量高是诱发丝状细菌大量繁殖的重要原因。

2.症状

病虾鳃部的外观多呈黑色或棕褐色，头胸部附肢和游泳足色泽暗淡，似有旧棉絮状附着物。这是粘附于丝状细菌之间的食物残渣、水中污物或单胞藻、原生动物等，镜检可见鳃上或附肢上有成丛的丝状细菌附着。此病主要是妨碍对虾呼吸，在水中溶氧量较低时，虾会发生死亡，严重时直接影响对虾蜕壳。

3.防治措施

（1）养成中后期勿过量投饵，保持池水清新。

（2）用浓度 10 毫克/升的茶籽饼或茶皂素 1～2 毫克/升浸泡后全池泼洒，以促进蜕壳，在蜕壳后适量换水。

（3）亦可用浓度 2.5～5 毫克/升的高锰酸钾全池泼洒，4 小时后换水。

七、固着类纤毛虫病

1.病原

为固着类纤毛虫，常见的有聚缩虫、草缩虫、累枝虫、钟虫和鞘居虫等。

2.症状

鳃区黑色，附肢、眼及体表全身各处呈灰黑色的绒毛状，取鳃丝或从体表附着物作浸片，在显微镜下观察，可见纤毛虫类附着。病虾浮游于水面，离群独游，反应迟钝，食欲不振、厌食，不能蜕皮，常因缺氧、呼吸困难而死亡。尤其在对虾养成中、后期，由于虾池底层含有大量有机碎屑、腐殖质，有的虾池因换水困难或因虾体感染细菌、病毒等原发性病原生物，而促使纤毛虫病原体大量繁殖并附着于虾体上。

3. 防治措施

（1）保持底质清洁，经常去除氨氮、硫化氢等有毒物质，每亩每月需用 20～50 千克沸石粉泼洒全池。

（2）增加水体的氧气。

（3）用浓度 10～15 毫克/升的茶粕全池泼洒，促进对虾蜕皮，并大量换水。

（4）用浓度 2～3 毫克/升的高锰酸钾全池泼洒，4 小时后全池泼洒福尔马林，每立方米水体用 25 毫升。

八、肌肉白蚀病和痉挛病

1. 病因

温差变化大、水温过高、盐度过高或过低、水环境突变、溶氧过低、虾受惊扰可能诱发此病。

2. 症状

病虾腹部肌肉变白不透明，有的病虾全身肌肉变得白浊；有的虾体全身呈痉挛状，两眼并拢，尾部向腹部弯曲，严重者尾部弯到头胸部之下，不能自行伸展恢复，伴有肌肉白而死亡。

3. 防治措施

放养密度合理，切勿过密，高温季节保持高水位，避免理化因子急剧变化，避免人为频繁惊扰虾池。

九、软壳病

1. 病原

长期饵料投喂不足，对虾呈饥饿状态；使用质量低劣或变质的饲料。

2. 症状

病虾身体甲壳薄而软，有的对虾体瘦，壳与肌肉分开明显，活动缓慢，体色发暗，病虾迟钝、体弱、活力差，虾体较小，甚至难蜕壳，有时勉强蜕壳后即死亡。常有死亡发生。

第三节 对虾病害防治的综合措施

为促进我国南美白对虾健康养殖的持续发展，必须按健康养殖的规范进行，要实实在在做好虾病的防治工作。目前，有许多虾病尚未研究清楚，或者已经发现其病原体、症状和危害性，但没有有效的治疗方法。因此，虾病的防治，根本措施是种苗的筛选和养殖模式的改造、改善对虾的生活环境条件、加强营养、提高对虾的抗病能力。

一、虾病主要的防治措施

（1）必须做到彻底清池消毒除害。

（2）坚持选购无特定病毒（SPF）南美白对虾的虾苗。

（3）因地制宜、科学放苗、合理控制放苗密度；虾苗过于密集拥挤是诱发病毒病的因子之一，一般高位池放养密度控制在 3 万～5 万尾/亩，最高不超过 8 万尾/亩。

（4）投喂高效优质的配合饲料，强化营养，提高对虾抗病力和增强免疫力。

（5）保持良好水质，使用无污染和不带病毒的水源。充分发挥淡水作用，每次添加淡水盐度变化幅度不大于 5。另外，低盐度溶解氧饱和能力强，低盐可促进对虾蜕皮，生长速度加快。

（6）经常进行水质监测，合理使用水质净化消毒剂和底质改良剂（高温 25～30℃、细菌＞10^6 个/毫升时，易诱发病毒病）。

（7）为预防和抑制病毒，虾苗入池后应投喂优质营养饲料，增强虾苗免疫力和抗病毒力；在养殖期要适量投喂必需的添加剂药物，使对虾健康生长。

（8）在病毒病流行期，采取封闭式养殖，暂时不换水。半封闭式的养殖方式，建立水质测试系统，不符合养殖条件的水决不入池，少换水，水体要经过严格消毒后方可使用。

（9）发现虾池内对虾携带病毒，但未发病（潜伏期），应采取如下对策：①增氧，保证水中溶解氧在任何时候不低于 5 毫克/升。

②在饲料中添加 0.3%～0.4% 稳定型维生素 C 和 5% 的鱼虾壮元 1号等，以增强对虾免疫力。

（10）发现对虾患病，切不可盲目乱用药物，应请科研人员或专家指导，以免误了时机。

（11）定期测量对虾生长速度，根据养殖情况确定生长标准，若 10 天内对虾生长缓慢，就可预知对虾将要发病，应采取最佳防治措施。投喂饲料要少量多餐，切勿投多，要保持虾池水质稳定。

（12）定期观测水质，保护虾池中对虾食物链，稳定对虾生态环境，尽量做到各池塘用品不混用。使用消毒剂定期消毒和经常泼洒光合细菌或微生物制剂。观察过的对虾不要再投入虾池内。检查人员必须进行手消毒后再观察其他虾池。

二、对虾病毒病害的综合防治

（1）采用过滤和净化海水防病养虾系统。一个养殖系统的水系统有三个单元：蓄水池、水处理池及养殖池。三个单元由渠和水泵实现水交换。养殖池注满已消毒净化的养殖用水后，在养殖期内不进行大水量交换。养殖前期、中期基本不换水，但要保持高水位，有淡水的应逐渐添加淡水，南美白对虾对盐度适应能力强，可在盐度 1～35 的水域中生长。养殖池水淡化是一个循序渐进的过程，切不可操之过急。盐度在 17 以上时每天可降 0.5 左右，盐度在 17 以下时每天只能降 0.2～0.3，越往后越慢。经 15 天后可降到 1。南美白对虾在淡水中生长发育明显受到影响，水中盐度低于 1 时开始出现病害，如食量明显下降，不蜕壳等，此时应及时调整盐度，最好在 5 左右。养殖后期，必须换水，使用蓄水池少量添加和排放水体，通常排换水时处理池、蓄水池相配使用。循环使用排出的养殖池水，可促进对虾蜕壳生长。

（2）最好使用小面积养殖池塘。养殖池面积不宜过大，适宜面积为 5～8 亩，长宽比不应大于 3∶2。养殖水深为 2～2.5 米，保水性良好，不会出现渗漏，池底应可排干。

（3）使用高健康虾苗。放苗前应对虾苗进行病毒等重要病原的检测，使用检疫为阴性、无特定病原（SPF）、体长在 1 厘米左右的南美白虾苗进行养殖。

（4）使用增氧机、水质保护剂、有益细菌、定向培育单胞藻等生物保护技术，同时注意培养微型底栖生物，放苗前繁殖基础饵料生物。

（5）改善和维护养殖池环境要素的稳定，保持良好的水质。

（6）整个养殖工程中，保证对虾营养需求是健康养殖的关键性技术。应使用高效优质配合饲料以增强南美白对虾抗病力。饲料应到设备先进、规模大、技术先进、配方科学的饲料公司选购，希望广大养殖户切勿轻信谎言，购买相对便宜的南美白对虾饲料，以免养殖期间出现虾病，影响收获，造成经济损失。

（7）使用维生素C、维生素E可增强对虾的抗"应激"能力，使用β-1,3-葡萄糖、葡聚糖，放苗后在饲料中添加鱼虾壮元，或添加微生物及微生物制品如虾蟹宝，以提高对虾的免疫力和成活率。

（8）在养殖环节中，必须恰当地使用消毒剂及天然药物控制病原微生物的密度。

（9）养殖用水应做净化处理。

在健康养殖的整个过程中，要切实做到如下几点：①改善养殖环境中不良因素，经常进行水质监测，并做记录；②抑制和切断虾池中的病菌和病毒等病原体的传播途径；③增强对虾的抗病力。

对虾养殖病害综合防治是一套系统工程，要进行无公害健康养殖，综合防治必须贯彻始终才能有效。要因地制宜，千万不可生搬硬套。技术人员要全面熟练地掌握操作方法，并根据养殖生产过程中的实际情况，灵活运用，要善于观察发现新问题及时加以解决；要结合当地具体情况，确立无公害健康养殖病害的综合防治技术，完善新的无公害养殖模式和规范，才能取得良好的经济效益和社会效益。

第四节　养虾池病害发生的生态防治

在对虾养殖过程中，自然天气、用药、换水、管理等因素，会给健康养殖带来许多影响。这种自然的、人为的管理不善，给对虾养殖带来的影响可能是毁灭性的，会使养殖业者受到极大的损失。要真正做到减少自然灾害对养殖对虾的影响，必须重视科学管理，在整个养殖过程中保持虾池的生态环境平衡，在整个养虾池尽量造就稳定的养殖生态系。

一、虾池的生态系结构

1. 非生物要素

非生物的环境因素包括作为对虾生活所必需的海水，虾池生物直接用来进行光合作用的光能、二氧化碳以及溶解盐类等。

2. 生物要素

（1）自养生物　主要是浮游植物、海藻等藻类植物，还包括能进行光合作用的细菌。这些生物以光能为基础，吸收水体中营养元素，合成生物体及生物群，把太阳能转化为生物能，从而形成生态系的物质基础。

（2）异养生物　包括动物和菌类。若从食物链或营养阶段来说，异养生物各具有几个食物群或食物阶段。由食物链组合形成的食物网络结构是复杂的：一是自养生物消费的食物链，如捕食食物链；二是以悬浮、沉积有机物为食的动物连接在一起的食物链；三是细菌→原生动物→小型肉食动物→稍大型肉食动物的食物链，称之为腐殖食物链。

以上三种食物链构成的生态系生物结构，构成了生产结构。物质和能量通过生态系的生物结构，在环境和生物结构之间进行转换。

3. 细菌

生态系中的大部分细菌扮演分解者，细菌一方面分解生物体的有机物质，另一方面以生物体有机物为原料合成细菌本身所必需的物质。在生态系中，有机物在环境中悬浮或沉积并进而分解成溶解的有机物和溶解的无机物，这种细菌分解者的特异生态地位是很重要的。

4. 溶解和悬浮的有机物和腐殖质

虾池中的生物生长到一定阶段要死亡，这些死亡的生物体被细菌分解，分解的中间产物——生物体的微粒，悬浮在水中同浮游植物一起作为滤食动物的食物而被摄取。这些悬浮在水中的微粒状有机物的量，一般比活的浮游植物的现存量要多得多。

浮游植物在光合作用过程中所产生的一部分低分子的有机化物被分泌到细胞外，并溶解在水中，它们相互附着凝集在水里的空气泡等界面上，由于不断分泌，进一步附着，在发展成微粒状态的悬浮有机物的表面上增长。这些微小生物作为对虾的营养来源，在某一时间占有很大的比重，尤其是在虾苗时期。

5. 添加的无机、有机物质

这些外来物质来自沉积在虾池底部的有机物分解成的营养盐类被运到有光的表层，或来自新加入的水体中。这些物质往往会造成生态平衡被破坏的危险。

自然环境的改变会影响和打破原有生态系统的平衡，形成破坏性的波动和恶性循环；影响程度不同，受害程度亦不同，轻时，原有的生态系统可以恢复自我平衡，而严重时很难恢复平衡。

养殖环境即虾池一旦受到损害，应及时进行恢复，所采用的一切恢复措施必须符合生态规律和无公害健康养殖模式的要求。可采用化学、物理、生物工程等技术手段进行调控，如果人工调节起到显著作用，则生态环境在短期内会恢复平衡，取得较好的效果。

实践证明，养殖生态环境的突然变化和恶化是对虾病害的外部诱发因素，切勿轻视。

二、积极开展对虾病害的防治研究

随着南美白对虾的引进，出现了不少新的虾病。从虾病分布区域来看，在我国几乎是全国性的，许多虾病都是从国外潜入的，以白斑综合征病毒为例，有的养殖场一个晚上便全军覆灭、损失惨重。有些养殖场不得不提早收虾，严重影响对虾的产量和质量。可见，虾病的防治是养殖的关键，特别对当前引进的新种南美蓝对虾，更要把好检疫关，保证种苗质量，为无公害健康养殖提供优质的种苗。

通过对各地对虾病的调查，笔者认为造成虾病流行的原因是多方面的：有的是种苗差；有的是不顾环境条件的承受力、放养密度超负荷，而且有的地区虾池过于密集，造成养殖的自身污染，进排水不分开，造成养殖水污染；虾池沉积大量污泥，不清淤、不消毒、放任自流，致使病原大量繁殖；有的虾池水位太浅、高温期长，pH 值 4～5，供排水能力不足，水质差，不讲究科学养虾，更谈不上无公害健康养殖。

总之，我们要面对现实，虾病已成为当前对虾养殖生产中的一大制约因素，各地应高度重视，研究对策。为此，我们的意见如下。

（1）各地沿海政府要加大投入，各科研单位与高校必须加强合作，深入开展虾病的综合研究。随着科技不断进步，必须从营养生理、病理、病原体等方面进行研究，建立无公害健康养殖的生态系。此外，进一步深入对病毒性虾病的研究和防治药物的研究，尤其是中草药的应用研究。

（2）严格对种虾的培育和监测，进行无特定病原（SPF）种虾的驯化育种与抗病毒 SPR 的种苗培育，推广 SPF 虾苗，以切断病毒的垂直传播途径。

（3）坚持以防为主，尤其在生产负荷过大的海区应适当调整养殖面积，推广池塘铺防渗漏的地膜，切断病原传播途径和防止池水渗漏。旧的老化虾塘，条件差的不宜养虾的池塘，可逐步调整为粗放养殖或改养其他种类。

不同养殖模式都要严格按照对虾养殖技术规范进行养殖，切勿滥用药物。加强饲料质量的检测，不合格的饲料厂家应关闭。

对虾养殖易发病季节，要针对常发病，提前适当添加增强和提高抗病力和免疫力的营养物质以及中草药饲料，加以预防；要切实做好水质检测，推广应用以光合细菌和微生物制剂为主控制虾池生态平衡；加强虾病检测，做到发病及早治疗。

（4）积极开展培训养虾人员掌控无公害健康养殖和病害防治的知识，有条件的公司或各级水产技术推广站或大型的饲料厂家，最好请专家讲课或做专题报告，组织专家进行科技下乡活动；各地可成立养虾协会，广泛交流养虾的经验，提高虾病的诊断和防治能力。组织有关专家到现场讲解与指导，普及对虾疾病防治知识。

第六章 对虾健康养殖与饲料营养

　　健康养殖已成为今后对虾养殖的方向，而健康养殖的关键是要选择无特定病原（SPF）的虾苗和保持良好的水质和塘底条件。在整个养殖系统中，如何保证对虾生长发育过程中的合适营养需要是无公害养殖的关键性技术。人工配合饲料以其优质高效、营养全面、低污染等特点在这一关键性技术中扮演了一个至关重要的角色，因此，人工配合饲料是对虾无公害健康养殖的必要因素之一。

　　多年来，对虾养殖业为病毒病所困扰，给养殖业者带来了很大的经济损失，使人感到现在养虾越来越困难了。迄今为主，人们对对虾病毒病只能采取预防为主、防治结合的措施。特别强调，健康养殖应立足于增强对虾自身的抗病力。从增加饲料营养的配方研究入手，全面提高饲料营养的效价，增强对虾的免疫力，促使对虾健康成长，有效地减少残饵的产生，保持水质环境的稳定，缩短对虾养殖周期，降低养殖成本。对虾养殖专家与饲料营养学专家先后在广东、海南、广西、江浙等地进行调查，发现使用高效优质配合饲料的对虾养殖企业在预防对虾白斑综合征病毒方面获得了很好的效果。

第一节　配合饲料营养与对虾养殖的关系

　　饲料是对虾健康养殖的物质基础，是对虾养殖成败的重要环节之一，高效优质的饲料能保证对虾的全面营养需要，满足对虾生长发育所需的能量消耗和物质代谢的需要，同时能增强对虾的免疫力，提高抗病力，使对虾迅速健康生长。高效优质的饲料配方主要分析养殖对虾自身的蛋白质结构，进行对蛋白源和各要素的科学配比，具有营养互补作用，可有效提高饲料的营养价值，其特点为：①对虾饲料主要着重于选择优质的动物性蛋白源；②在研制配合饲料中要求对其脂肪、碳水化合物的科学配比，这些成分是组成生物细胞不可缺少的，能提供大量热能。③维生素和矿物质也是不可缺少的，若饲料中缺乏磷脂，会引起对虾代谢紊乱，生理机能障碍和内脏器官发生病变。合理的钙磷配比可以促进对虾甲壳钙化，蜕壳正常，加速生长、发育。

营养全面的高蛋白饲料，可使对虾在虾病流行期少发病甚至不发病。对虾吸收利用高效优质饲料营养成分的过程，具体如下。

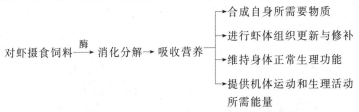

在集约化高密度养殖条件下（华南地区称高位池养殖），以封闭式或半封闭式养殖对虾，对虾的生理状况及环境条件发生了较大变化。因此，养殖业者必须对养殖对虾营养需求有较全面的了解，为对虾提供优质营养全面的饲料，这不仅是维护对虾健康成长，也是增强养殖对虾抵抗疾病能力的关键。科学试验和生产实践证明，低劣的饲料和营养不全面的饲料，不仅无法提供对虾成长和维持健康所必需的营养成分，而且会导致对虾免疫力和抗病力下降，污染水质，直接或间接地造成对虾死亡。因此，对虾的营养问题是健康养殖中不容忽视的关键之一。

一、对虾对蛋白质的需求

对虾养殖实践的结果表明，蛋白质在饲料组成成分中占有头等重要的地位。蛋白质是虾体产生新细胞与弥补旧细胞的主要物质，蛋白质构成对虾机体的各种组织，同时也是构成酶及激素的重要成分。如果蛋白质含量低，将严重影响对虾生长，但不同种类的对虾以及同一种对虾在生长不同阶段所需求的蛋白质含量也不同，不同学者研究的结果也不尽相同。这与各地区养殖环境和对虾肌肉氨基酸组成不同有关，大致是日本囊对虾与中国明对虾等对蛋白质需求量较高，而斑节对虾、墨吉明对虾等对蛋白质需求量稍低。Andrews 等 1972 年发表的报道，南美白对虾饲料中蛋白质的需求量为 28%～32%；李广顺等指出南美白对虾最适宜蛋白质水平为39.75%～42.15%。台湾大学郭光雄教授在 1988 年发表的《白对虾病变与疾病控制》一文中特别指出，养殖南美白对虾必须要用好的饲料，要含有较高的优质蛋白质，否则对虾易发病；为加速对虾增肉长壮，可投喂一些鲜活的小贝类肉，贝类肉中粗蛋白质含量在61%以上，含有对虾肌肉所必需的氨基酸，所以南美白对虾的饲料蛋白质含量应该不低于 40%。显然，他们的研究结果与 Andrews等的意见相差较大。这可能是由于不同地区海域环境与养殖的模式不同，情况也不相同。在粗养模式条件下就不需要饲料中有较高的蛋白含量，因为粗养主要依赖海区中的自然生物饲料，人工配合饲料作为搭配饲料，用量不多，所以对饲料的蛋白质要求不那么高。

我国华南地区从 1998 年引进南美白对虾，刚引进南美白对虾时，资料介绍南美白对虾具有生长快、抗病力强，适应环境能力强、生长对饲料的蛋白质要求不高、易养殖等优点，有些人理解为随便用什么饲料都可以养，但生产实践结果表明，认为用什么饲料都可以养殖南美白对虾，是个极大的误解。南美白对虾生长快，如果没有足够的蛋白质，对虾就不能维持正常的生命活动。蛋白质缺乏会引起对虾一系列的生理生化过程的严重障碍、内分泌失调、维生素功能受到破坏、有机体中许多活性物质，如胆碱、乙酰胆碱、酶系统的合成受到损害，从而使虾的生长停滞，甚至死亡。由此可见，当前引进的南美蓝对虾与南美白对虾一样，所需的蛋白质应该比斑节对虾高才合理，因为这两种对虾的出肉率最高。如果没有足够的蛋白质，则无法满足其快速生长的需求，所以饲料中蛋白质含量 28%～32% 是较低的，但这种含量的蛋白质很适合粗养模式，例如厄瓜多尔养殖南美白对虾是以粗养为主，养殖时间长达 150 天左右，对虾可以从海洋中摄食浮游生物和底栖生物，故对蛋白质的要求没那么高。对于高位池精养、半精养以及半封闭和封闭的养殖模式，用低蛋白质饲料养殖是不够的，会导致许多缺乏营养性疾病而诱发病害流行。

笔者在海南，广东的湛江、深圳、珠海、斗门、阳江等地调查和技术交流时，珠江三角洲一带的新会、东莞养殖南美白对虾获得丰收，所用的饲料是蛋白质含量均在41%左右的斑节对虾2号料。东莞市海洋与渔业局张邦杰研究员和海南省琼海市海洋与渔业局局长，高级工程师符泽雄，都一再强调，养殖南美白对虾饲料的蛋白质含量要在41%以上才能满足南美白对虾健康养殖的需要。

南美白对虾养殖生产表明，饲料蛋白质含量的高低和配方是否合理在养殖中占有相当重要的地位。中国科学院南海海洋研究所在海南进行南美白对虾养殖的结果表明，南美白对虾在冬棚养殖条件下，其饲料蛋白质含量应比其他季节高为宜，一般在40%左右，冬季可提高为41%。

二、对虾养殖的饲料营养与病害

对虾健康养殖整个过程中，虾塘结构、清池、消毒、纳水、肥水培育生物饲料、水环境调控、种苗选择、合理放苗密度、选择优质高效环保型的配合饲料、科学投喂、日常生产管理、病害防治等形成了一个系统工程。

饲料是对虾生长的物质基础，是影响对虾养殖的重要环节。投喂优质饲料，可以缩短对虾的养殖周期，减少甚至消除虾病危害，取得好的经济效益。使用低劣饲料，蛋白质含量达不到标准，影响对虾的正常生长，还会造成池底有机污染物不断增加，导致有害细菌的大量繁殖，诱发白斑综合征病毒病的流行，而且会影响下一造的养殖，造成很大的经济损失。所以，养殖南美白对虾和南美蓝对虾一定要选好高效优质的配合饲料，确保养殖成功。

三、饲料质量在养殖中的作用

饲料质量的优劣直接影响到养殖效果，饲料质量可以从两个方面影响养殖效果。

（1）饲料质量差，虾不摄食，饲料溶化物会形成池塘水的污染源，使池底变黑、发臭，影响对虾生理状态及免疫力。如果饲料使用变质的蛋白源花生，含有黄曲霉素，会导致对虾中毒。黄曲霉是致癌物质，对虾吃这些饲料会致病，人吃了用这种饲料养殖的对虾势必影响健康。

（2）饲料是对虾的主要营养源，饲料能否满足对虾的营养要求，将直接影响对虾的生长及免疫力。对虾摄食优质饲料可减少虾病。若使用劣质饲料，对虾会生长不良，体力差，易感染病害。

为此，从虾苗放养入池就要投喂优质的高蛋白饲料，以促进对虾健康生长，使其活力强，成活率高，为成功养殖打下基础。养殖中期的蛋白质需求虽比幼虾低，但南美蓝对虾饲料中的蛋白质含量不能低于40%，以提高对虾的抗病能力，促使对虾健康生长。

第二节　配合饲料质量对虾池水质的影响

饲料的质量问题是一个非常重要的现实问题，对虾配合饲料中动物蛋白和植物蛋白的含量配比是否合理，原料的新鲜度及加工工艺等一系列是否达到标准，都会对对虾养殖产生影响。

一、配合饲料质量的鉴别

（1）颗粒表面光滑，大小均匀，无裂纹，粉末少，破碎不得超过1%，不含杂质，不能有霉味或异味。

（2）营养丰富，蛋白质含量不低于40%，动物性蛋白含量要大于植物性蛋白，氨基酸要平衡；脂肪含量大于3%，粗纤维小于4%，粗灰分小于15%，水分小于12.5%，钙和磷比在1：1.7左右。

（3）稳定性好，耐水性好，在水温25～30℃海水中2～3小时不溃散，粉碎要细，粉末粒度必须全部通过80目筛。

（4）具有新鲜芳香的鱼腥味，无异味，诱食性强。

（5）饵料系数在1.5左右。可利用不同家厂的饲料，分别投入同池进行比较，或分池进行比较其诱食性，或经过7～14天后根据虾的生长来确定饲料的优劣。

二、饲料质量对池塘水体理化因子的影响

养虾池本身是一个小型的人工生态环境。虾池生态环境的好坏直接关系养殖的成败。优化对虾养殖环境的关键是增加养殖池塘水

体的含氧量，保持水环境的稳定性，降低水质恶化和底质污染程度，尤其是高位池养殖底质保持稳定尤为重要。劣质的配合饲料对虾厌食，多沉于池底，经长时间浸泡在底层易发酵、发臭，使底层氧化层越来越稀薄。下层的还原层缺氧部分，产生了大量的氨氮、硫化氢等有毒物质，使底质恶化，虾池底层堆积了很厚的黑色还原层，臭气冲天，导致有害细菌大量繁殖，整个虾池的生态系统被破坏，诱发虾病。所以，饲料质量的优劣直接影响虾池底层的生态环境。

中山大学何建国教授研究阐明了水体理化因子与 WSSV 在对虾体内感染的关系，确定了水体理化因子诱发 WSSV 由潜伏感染转为急性感染的条件，为控制 WSSV 的暴发流行提供了理论依据。从 WSSV 与水体理化因子的关系可见，水体理化因子的恶化明显影响对虾潜伏感染病毒在对虾体内的感染度，并使潜伏感染转为急性发作，诱发 WSSV，当对虾体内 WSSV 数量升高到一定值时，即转为急性感染期，导致 WSSV 的暴发流行。

防止对虾病毒综合征，一定要把好饲料关，必须认真选购优质的、营养符合标准的饲料，选用配合饲料养虾势在必行，各地也有不少成功的经验。目前普遍存在的问题是对虾养殖后期难蜕壳，生长速度慢，对虾个体大小不均匀，肉质不结实，体色差等。显然，这是因为对虾饲料中缺乏生长所必需的促生长因子。不少厂家只考虑配方中大成分的营养，难以达到氨基酸平衡。应从饲料营养研究着手，研制具有配方科学、营养全面、高效的优质环保型饲料，以增强对虾本身免疫力，这是目前对虾养殖发展中非常重要而现实的问题。

总之，优质饲料对虾吸收好，水质污染少，虾病少，能养出健康的对虾产品，效益好。饲料低劣，虾不摄食，残饵多会导致水质恶化，诱发对虾发病，养出的是病虾与死虾，养虾失败。

第三节　免疫添加剂与对虾病害的防治

对虾的免疫系统包括血细胞的吞噬、包囊、凝集，以及体液因子的杀菌活性等。因此，正常的对虾并不感染病害，一旦对虾生活史中出现异常情况，如水质剧烈变化，底质污染，病原菌数量剧增，温度、pH值、溶解氧、氨氮、水色等水质因子剧变，对虾体质减弱时，造成对虾的免疫功能降低，致病菌侵入并感染诱发病害。虽然病因不同，但对虾的免疫力低下是对虾发病的根本原因。

一、对虾免疫功能与对虾免疫系统

目前普遍认为，对虾体表坚硬的甲壳是它们抵御外来侵袭的第一道屏障，对虾还具有非常有效的先天性免疫系统来抵御外来微生物的感染和异物的入侵。这个系统包括有酚氧化酶激活系统诱导的黑化作用、血凝作用、吞噬、包囊作用、表皮硬化和着色、伤口愈合等的生理反应和抗菌反应等。对虾可以迅速地清除进入体内的细菌等异物。在对虾清除异物的过程中，血细胞通过不同方式扮演了重要角色。对虾对入侵者作出有效反应的第一步是对异物的识别，对虾中的酚氧化酶原激活系统（proPO）由丝氨酸蛋白酶级联反应和血细胞中能被外来分子激活的因子组成，在这种级联反应完成时，酚氧化酶原转化成具有活性的酚氧化酶（PO），这种酶在黑色素合成的过程中起关键作用。最近，有科学家在南美白对虾首次发现两种酚氧化酶基因，为酚氧化酶原-1b（Lvpro-1b）和酚氧化酶原-2（LvproPO-2），该研究成功地克隆这两个酚氧化酶原的激活系统，这为对虾病毒防治和药物研发提供新的思路和依据。

二、添加剂与对虾免疫力

在增强对虾免疫的研究方面，根据国内、外营养及免疫专家的多年研究结果，认为许多微量营养物质（如多糖、生物碱、酮类、萜类、内脂等）都有利于对虾免疫功能的增强，对促进对虾的无公害健康养殖有积极作用。现把当前学者新发现的几种免疫添加剂简介如下。

1. 多糖

根据研究和试验证明，多糖可激活对虾体内免疫系统（包括提高吞噬细胞活力的激活酚氧化酶原系统等），从而对各种病原起到抑制和杀灭作用。最新研究证实，每千克饲料中添加 2 克 β-1,3-葡聚糖，斑节对虾对白斑综合征病毒（WSSV）的抵抗力显著增强。投喂含葡聚糖（5.5%）20 天的仔虾和虾苗（13.3%）在感染 WSSV 后能够成功养到 120 天，体重分别达 25～30 克/尾和 30～40 克/尾；而投喂不含葡聚糖饲料的对虾在 4 天内全部死亡。实验结束时，利用二步 PCR 技术在对虾中检测未发现到 WSSV 的存在。利用脂多糖（LPS）添加在饲料中发现它与葡聚糖类相似的功能。

（1）免疫多糖的组成成分 免疫多糖包括海洋及陆地来源的多种免疫活性多糖提取物、免疫多糖的免疫佐剂、诱导因子、促生长因子，不含有任何化学药品及抗生素，是微生物多糖，主要指的是 β-1,3-葡聚糖和脂多糖（LPS），前者是真菌细胞壁的组成成分，在离体及活体条件下，对对虾血淋巴的酚氧化酶、吞噬、溶菌酶、超氧化物歧化酶活力都有显著的增强作用。脂多糖（LPS）是革兰氏阴性细菌细胞壁组成成分，作用机理与葡聚糖相似，是目前应用于健康养殖饲料的安全添加剂。用于对虾养殖的实例，如日本 TAI-TO 株式会社的 VST 和中国科学院海洋所的 LPS 等。

（2）生产技术 生物化学技术及微生物工程技术。

（3）作用原理

$$\text{多糖} \xrightarrow{\text{添加}} \text{饲料} \xrightarrow{\text{口服}} \text{对虾} \xrightarrow{\text{激活}} \text{对虾免疫系统} \xrightarrow{\text{增强}} \text{自身免疫抗病力} \rightarrow \text{防治病害}$$

（4）主要功能 激活细胞免疫，增强血细胞吞噬病原菌的活性；提高对虾血淋巴抗菌、溶菌活力以及酚氧化酶（PO）、超氧化物歧化酶（SOD）等的活性；保护肝胰脏，增强其解毒和转化能力；刺激动物细胞分裂和蛋白质合成，可明显地促进虾的生长和增重效果；刺激水产动物的化学感受器，引诱动物摄食，提高饵料利用率。

为提高对虾有较强的防御病害的能力，每千克体重的虾，每天可摄食 50 毫克以上的复合多糖，在饲料中按 2.5% 的比例添加多糖可达到上述的要求。

（5）投喂方法 可采用两种的投喂方法：①间隔时间为 5 天，即投喂 5 天含有多糖的饲料，再投喂 5 天普通饲料，以此间隔投喂饲料贯穿于养殖全过程；②坚持连续投喂，更为可靠。

（6）特殊情况下复合多糖的用法 复合多糖有显著提高对虾机体抗应激反应的作用，如果在水体环境突变时，应停止间隔投喂多糖饲料，改用连续全部投喂含 3% 的复合多糖饲料，有下列情况之一者应及时采取这一措施：①用消毒剂或其他药物处理水质时；②暴风雨使池塘水变混浊的情况下；③池水盐度突然降低；④溶解氧含量低；pH值下降，水色突然变化。

2. 海藻多糖

是从海藻中提取的多糖类物质，能够增强对虾酚氧化酶、溶菌酶、超氧化物歧化酶的活力，添加于饲料中投喂斑节对虾、南美白对虾，能显著提高抗病力，激活和增强免疫系统，是一种很好的免疫增强剂。

3. 中草药

实验证实，中草药中含有多种免疫活性物质，能增强动物体内的免疫功能，如枸杞、茯苓、淫羊霍、甘草、五倍子等中草药中含有多种多糖，是很好的免疫增强剂；有研究显示，在饲料中添加一定量的中草药制剂，可显著增强斑节对虾血淋巴酚氧化酶的活力；也有利用中草药制剂使虾、蟹血淋巴凝集素及溶菌酶活力的提高，对虾的病害防治具有独特的功能。这也是我国专家首创的。当前我国不少地方已利用中草药成功地进行水生动物的病害防治，但目前很多机理尚不明确，仍需进一步的研究。

4. 维生素 C 和维生素 E

1994 年 12 月颁发的由农业部渔业局制订的最新《中国对虾养殖技术规范》中，明确建议在对虾饲料中添加 0.3%～0.4% 稳定性好的维生素 C，以防治对虾的病毒病、黑白斑病等。维生素 C 可提高对虾的免疫功能，防止败血症，提高存活率，加快生长速度，防止饲料内脂肪氧化，促进对虾伤口愈合，并具解毒作用，使对虾对不良环境的抵抗力得到增强。维生素 E 也是一种强还原剂，具有类似维生素 C 的功效在饲料中适量添加，可提高对虾抗应激能力，并具有类似维生素 C 的功效。

5. 微生物活菌制剂

多种微生物含有丰富的氨基酸、高度不饱和脂肪酸和酶类，包括光合细菌、乳酸菌和芽孢杆菌等促进对虾的生长及抗病力很有益处的微生物。研究发现以光合细菌拌入饲料喂虾，对虾的酚氧化酶活力、超氧化歧化酶活力、溶菌活力及抗病力显著增强，可提高产量 21%～34%，其中以每日加 0.5% 的量均匀喷洒于配合饲料上使用效果显著。芽孢杆菌是一类革兰氏阳性细菌，其中一些种类可分泌胞外杆菌肽、大环内酯、环肽、类噬菌体颗粒等十几种抗菌活性物质，将其拌入饲料喂养斑节对虾后发现其血淋巴细胞的吞噬能力、酚氧化酶活力、抗菌活力及对哈维氏弧菌的抵抗力显著增强。乳酸菌的使用也可以增强对虾对溶藻弧菌的抗病力。目前，微生物活性物质在国内已得到广泛应用，对增强对虾免疫力，促进对虾生长均有显著效果，值得推广。

三、免疫添加剂的使用

免疫添加剂的使用一般有三种方法，包括注射、浸泡、饲喂。对于对虾来说，由于其个体小、耐应激能力较弱、数量多等特点，使用浸泡和注射是很不适宜的，在经济上也不划算；把免疫添加剂加在饲料中，是最理想的选择。免疫添加剂的使用时机的选择是非常重要的，一般在病害暴发流行前使用，这样可减少因病害而导致的损失；另外，使用时必须根据各种免疫添加剂的性能特点，合理确定使用的剂量和频率，以利于其发挥最大功效。

第四节　饲料添加营养物质在对虾养殖中的应用

一、对虾养殖期间病害流行与酷暑高温季节的营养

在虾病流行期及高温季节，为增强对虾体质，除选用优质饲料，并在饲料中添加强化营养物质，以改善其抗应激能力，具体措施如下：

（1）每千克饲料中添加 2～3 克高稳西维生素 C。

（2）每千克饲料中添加 0.2～0.05 克维生素 E。

（3）每周投喂 2～3 次鱼虾壮元（广州市嘉仁高新科技有限公司研制）。

（4）在饲料中添加有益微生物制剂，如虾蟹宝（广州市绿海生物技术有限公司研制）。

二、添加剂

添加剂是指在配合饲料中加入一些补充的营养成分、为提高饲料利用效率和满足对虾生理活动所需要的一些物质。其中包括与对虾蜕壳有关的蜕壳素和磷脂类物质，预防虾病的一些中草药以及球蛋白、免疫蛋白、强力病毒康（中山大学生命科学学院研制）、鱼虾壮元等，提高对虾摄食效果的引诱物质等，又针对性地添加一些有效成分，可以充分发挥各种营养物质的吸收和利用效果。

三、饲料添加营养物质的方法

首先要把所要添加的营养物质和药物用清水或茶水溶解，按所需的量喷洒在将要投喂的饲料中，待凉后或用电风扇微风吹几分钟，再喷洒用水稀释的蛋白清，拌均匀后即可投喂给虾吃。

四、关于鱼油和鱼肝油的施用

（1）鱼油一般含有游离脂肪酸15％，其中不饱和脂肪酸含量为1.6％～1.94％，其含量远比植物油高，同时富含维生素A、D。其缺点是容易酸败变质，过期的千万不要用。

（2）鱼肝油是水产动物的肝脏油脂浓缩为维生素A的副产品，品质稳定，含有维生素A、D，以新鲜的质量为佳，过期的勿使用。

（3）喷油剂和蛋白清的主要作用是：防止添加的营养物质流失，补充饲料中的不饱和脂肪酸，同时可起到包膜营养物质的粘附作用。选用的油类一定要新鲜，过期的千万不用，高温季节更要慎重。

五、添加营养物质应注意的问题

（1）添加微量的营养物质时，一定要充分搅拌均匀，不可以在阳光下晒，最好晾干。

（2）要注意各种营养物质之间的相互作用。

（3）在应用营养物质时不要盲目添加，并非添加量越多越好，否则适得其反，一定要对症下药，添加的物质要新鲜，或符合国家的规定标准。

（4）注意不要污染水质，要保持水质稳定，所用工具要严格消毒，以免受污物感染。

第七章 对虾健康养殖与药物管理

为提高对虾的抗病力和存活率，预防对虾病害的发生，养殖生产离不开药物，现代化的对虾养殖也是如此。药物是人类与水产养殖病害做斗争的重要手段之一，也是增进养殖生物健康的一种物质。药物有两面性，使用方法得当，可以防病、治病；使用不当，滥用药物，就可危及食品安全和污染环境。在渔药使用上，不使用在虾体内或生物体内长期残留以及对环境有长期影响的治疗或消毒药物，以防为主。切不可使用国家已规定的水产禁用药物，不使用药效不清楚、药物成分不明、没有主管部门备案批文的药物。为此，本章专门向养殖业者介绍当今健康养虾的常用药物及其科学的使用方法，使养殖业者能够科学地用药，而且善于鉴别和揭穿假药。

第一节　清塘消毒的药物

在使用清塘消毒药物时，除了要认清正规的厂家和科研高校研制的正式批准的产品外，还要坚持以下的用药原则：①尽量使用成本低的药物，但必须要达到消毒效果；②放苗前的清塘及水体消毒，一定要达到彻底杀灭敌害生物的目的，要算好用药量和消毒时间；③水体消毒一定要待药性失效后才能进入肥水；④在养殖期间的水体消毒，要合理掌握药物浓度，毒性不要太强，要按养殖的不同对象和个体大小确定用量，最好用水桶放些对虾做试水为妥；⑤不要盲目施用剧毒药物，特别是残留大的农药。

现将常用的清塘及水体消毒杀菌药物介绍如下。

一、生石灰

生石灰加水后生成氢氧化钙，呈碱性，pH 值达 11～12，同时释放出大量热能，从而可杀灭野杂鱼、鱼卵、虾蟹类、昆虫、致病细菌、病毒等，并能使水澄清，增加水体钙肥，提高 pH 值。一般用于放养前清塘，每亩用量为 100～200 千克，失效时间为 7～8 天；养殖期间，用于升高塘水 pH 值，使水体提升一个 pH 值的用量为 10 毫克/升。

二、氯制剂

1. 漂白粉

漂白粉又称含氯石灰，为白色颗粒状粉末，其消毒效果除了与生石灰相似以外，其吸收水分或二氧化碳时，产生大量的氯，因而杀菌效果比生石灰强。但暴露空气中时，氯易散失而失效。漂白粉是使用历史最久的消毒剂，被称为第一代消毒剂。一般用于放养前的水体消毒和养殖过程中的水体消毒，前者使用浓度为 20～30 毫克/升，后者一般使用 1～2 毫克/升。用于消毒的漂白粉，其含氯量应在 32% 以上为佳，含氯量低于 15% 不能使用。用漂白粉消毒，失效时间为 4～5 天。

2. 强氯精

强氯精的化学名为三氯异氰尿酸，又名鱼安（TCCA），为白色粉末，含有效氯达 60%～85%，化学结构较稳定，能长期存放 1～2 年不变质。在水中呈酸性，分解为异氰尿酸、次氯酸，并释放出游离氯，能杀灭水中各种病原体。强氯精可称为第二代消毒剂，已逐步代替漂白粉使用。通常用于水体消毒和养殖期间的水体消毒。前者用量 1～2 毫克/升，后者为 0.15～0.2 毫克/升，失效时间为 2 天。

3. 二氯异氰尿酸钠

又名鱼康、优氯净，为白色粉末，含有效氯 60%～85%，化学机构稳定，稳定性较漂白粉有效期长 4～5 倍。一般室内存放半年后仅降低有效氯含量的 0.16%，易溶于水，在水中逐步产生次氯酸。由于次氯酸有较强的氧化作用，可使细菌死亡，从而杀灭水体中各种病菌病毒。二氯异氰尿酸钠可称为第三代水体消毒剂。经技术处理，该产品由粉状改为小颗粒，可直接撒入虾塘，达到消毒池塘底部的效果。养殖中后期消毒，使用浓度为 0.2 毫克/升，失效时间为 2 天。

4. 二氧化氯制剂

是一种很强的消毒剂，无色，无臭，无味。其氧化力较一般含氯制剂强。市面上销售的二氧化氯有固体和液体两种形式。固体二氧化氯为白色粉末，分 A、B 两药，即主药和催化剂。使用时分别把 A、B 药各加水溶化，之后混合稀释，即发生化学反应，放出大量的游离氯和氧气，达到杀菌消毒效果。水剂的稳定型二氧化氯使用效果更好。二氧化氯制剂可称为第四代水体消毒剂。前者使用浓度为 0.1～0.2 毫克/千克，后者为 100～200 毫克/千克。失效时间为 1～2 天。

三、碘

碘又称为碘片，由海草灰或盐卤中提取，为黑色或蓝黑色片状结晶，不溶于水，易溶于乙醇。其醇溶液溶于水，能氧化病原体原浆蛋白的活性基因、对细菌、病毒有强大的杀灭作用。在水产养殖水体消毒中，一般使用碘的化合物或者复合物，如聚乙烯吡咯烷酮碘（PVP-I）、贝他碘、I 碘灵等。我国已生产 PVP-I，其消毒浓度为 150 毫克/升。碘与汞相遇会产生有毒的碘化汞，必须特别注意。

四、高锰酸钾

高锰酸钾（$KMnO_4$）又名过锰酸钾、灰锰氧，是深褐色的结晶体，易溶于水。是一种强氧化剂，能氧化微生物体内活性基团和杀菌，还可以杀死原生动物。本品对虾类有中度毒性，一般不应用于养殖期间的水体消毒，只用于杀灭纤毛虫。使用时减去大部分塘水，按 3～5 毫克/升浓度用药，4 小时后把水进满。

五、新洁尔灭液

又名新洁尔灭、溴化苄烷铵，为溴苄化二甲基烃铵的水溶液，为无色或淡黄色澄清液体，芳香味苦。其水溶液能渗入细胞浆膜的类脂层与蛋白质，改变细胞膜的通透性，使细胞内物质外渗而杀灭细菌、原生动物。在养殖过程中，用高锰酸钾杀灭纤毛虫时，加上

0.1毫克/升的新洁尔灭，效果会更好。

第二节　水质改良的药物

一、沸石粉

沸石粉由沸石粉碎，由不同的成分结构形成很多品种。该物质含有多种金属及非金属元素，矿物为微孔结构，如有沸石每立方厘米所含孔道多达10^8，因此吸附能力极强；它含有氧化铁，可与虾池中硫化氢作用生成无毒的硫化铁；它含有10%的氧化钙，具有调节虾塘pH值的作用；它含有可交换的钾、钠、钙等盐类，可吸附各类的有机腐化物、细菌、氨氮、甲烷、二氧化碳等有毒物质。在老化虾塘，应该施用1～2次沸石粉，每次每亩投放30千克，严重污染的可投50～100千克。此外，可以在饲料中添加1%～2%的沸石粉，能促进虾消化、吸收代谢毒物，有利于对虾生长，保持水质稳定。

沸石粉是一种较理想的改良水质、底质的物质。

二、白云石粉

白云石粉与沸石粉具有相同的物理性能，也是改善水质和底质的理想物质。白云石粉对氨氮的吸附量可达19毫克/克。白云石粉也可以拌料给虾吃，用以调节对虾机体的代谢功能，吸收对虾消化道的毒素，起到促进消化酶类活力等作用。在养殖中后期，每亩投入50千克左右，可收到改良虾塘水质的显著效果。加工粒度以100目以上为佳。

三、水质净化剂

主要为聚合硅酸钠。可改善养殖环境，澄清水质，防止水质酸化、腐烂和发臭，防止铁、铜、锌等金属离子引起的障碍而使水质富营养化。

用量与用法：每立方米水体投300克，用时要充分与池水混搅、启动增氧机，以达到净化水质的作用。

四、生物净化剂

目前，世界各国都认为直接应用有益细菌是无公害健康养殖的重要技术手段。在现代化集约式精养对虾系统中，对虾的排泄物、残饵沉积物等严重污染养殖水体，从而为病原微生物繁殖创造了条件，导致虾病的发生。如果单纯地使用化学与物理方法处理水质，不但成本高，预防病害的效果也不理想，过多地依赖化学药品有时会产生二次污染问题及食物安全问题。对虾在一个没有微生物的环境中，或者对虾周围的正常微生物群落被破坏，养殖水环境不稳定，对虾生理状态受到严重影响，对虾就会发病。已经有大量的事实证明，养殖过程中重视微生物制剂的使用，保持养殖水体的生态平衡、水质稳定，可以使对虾健康生长。

当前，我国常用的改良水质、底质的有益微生物制剂有两大类：一类是利用光能的光合细菌，另一类是有益的化能异养细菌。

1. 光合细菌

目前在养殖生产上应用较多的是红螺菌科的菌种，该类细菌能利用光合色素，在厌氧、光照条件下进行光合作用，但是不产生氧，有别于微藻的光合作用，基本上利用小分子有机物作供氢体，也能利用硫化氢作供氢体。

光合细菌在池塘底部，对池水及底泥腐殖质中的氨氮、硫化氢、有机酸等有很好的利用，因此能迅速净化水质。但是该类菌基本上不能很好地利用大分子有机物如蛋白质、淀粉等。虾池使用的光合细菌，应该是培养基盐度和养殖池盐度接近的光合细菌，活菌量不低于 10 亿～15 亿个/毫升，每亩至少施用 10 升，主要撒播在池底，以后定期每 20 天施用一次。

光合细菌分为产氧光合细菌和不产氧光合细菌。产氧光合细菌主要是蓝细菌（或称之为蓝藻）和原绿藻，它们是藻类学家研究的主要对象。不产氧光合细菌即人们常说的光合细菌，它们分为四种：红螺菌（Rhoclospirlloceae）、着色菌（Chaomatiaceae）、绿色菌（Cholorobiaceae）、曲绿菌（Chloroflexaceae）。

光合细菌的种类较多，而且在形态、色泽、利用和产生物质方面均不甚相同。

光合细菌在水产养殖上的作用，相当于净水剂＋饲料添加剂＋抗病剂＋促生长剂。

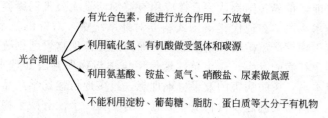

光合细菌
- 有光合色素，能进行光合作用，不放氧
- 利用硫化氢、有机酸做受氢体和碳源
- 利用氨基酸、铵盐、氮气、硝酸盐、尿素做氮源
- 不能利用淀粉、葡萄糖、脂肪、蛋白质等大分子有机物

2. 化能异养的细菌

在水质净化、环境保护和环境修复方面应用比较多。目前我国市场上常见的菌种有芽孢杆菌属（*Bacillus*）、乳杆菌属（*Lactobacillus*）、亚硝化单孢菌（*Witrosomonas*）、硝化杆菌属（*Nitrobacter*）、假单孢杆菌（*Pseudomonas*）等一些菌株。这些细菌有好氧的、厌氧的、兼性厌氧，能利用蛋白质、糖类、脂肪等大分子有机物及酚类、氨、有机酸等，将其分解为小分子，进一步矿化成无机盐供微藻利用：一方面，这些细菌大量繁殖成为优势群落，占领生态位，可抑制病原微生物的滋长繁殖；另一方面，提供营养促进单胞藻类繁殖生长，调控水质因子。其中，芽孢杆菌属菌株具有性状稳定、不易变异、胞外酶系多、降解有机物速度快、对环境适应能力强、产物无毒等特点，已成为池塘养殖中广泛应用的代表性菌株。

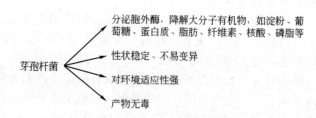

芽孢杆菌
- 分泌胞外酶，降解大分子有机物，如淀粉、葡萄糖、蛋白质、脂肪、纤维素、核酸、磷脂等
- 性状稳定、不易变异
- 对环境适应性强
- 产物无毒

（1）硫杆菌　广泛分布在海水、海泥、池泥及其他土壤中，其代表种类有排硫杆菌（*Thiobacillas thioparus*）、氧化硫杆菌（*T. thioaxidaus*）。

硫杆菌在有二氧化碳及碳酸盐的条件下生长，在大量硫化物存在情况下，硫化物被氧化成硫沉淀于细胞外。硫杆菌一般在 $25\sim30℃$ 培养液中 $2\sim4$ 天生长，菌落白色或淡灰色、圆形、全缘，大小为 $0.2\sim0.3$ 毫米；细菌短杆状，大小约为 $0.5\sim1.5$ 微米，无孢子，能运动，革兰氏染色阴性。当硫杆菌生长旺盛时，可使其生长环境的 pH 由 7.5 降低至 $3\sim3.5$ 或更低。

硫杆菌属的细菌能使硫或硫的不完全氧化物转化成硫酸盐等物质，并能参与水或土壤中的硫物质循环作用，改良土壤和水质，水中积累的硫化氢等有毒物质，可在硫杆菌作用下转化为无毒物质，使水质稳定，有利养殖。

（2）硝化细菌　硝化细菌是一种氧化氨或亚硝酸盐的硝化杆菌科细菌，分为两类。

亚硝化单胞菌（Nitrosomonas sp.），杆状，$0.8\sim1.0$ 微米，单生，有极生鞭毛，为菌体 $3\sim4$ 倍。革兰氏染色阴性，有细胞质膜，为专性化能自养细菌，不需有机生长因子，严格好氧，生长环境的 pH 值为 $5.8\sim8.5$，温度为 $5\sim30℃$。

硝化杆菌（Nitrobacter sp.），短杆状，楔形或甲梨形，一般不运动，多为专性化能自养细菌，生长环境 pH 值为 $6.5\sim8.5$，温度为 $5\sim40℃$，其中有 10 余种分布在海洋、淡水和土壤中。

作用与用途：在水体中，腐败细菌可把动植物体分解为氨氮或氨基酸，固氮菌等可把游离氮变成氨，而生长在水环境中的硝化细菌能把氨或氨基酸转化为硝酸盐或亚硝酸盐，放出热量，使水体中有毒物质分解为无毒成分。

用法与用量：硝化细菌是靠固定二氧化碳满足对碳素的需求，故在一定条件下，引入少量的硝化细菌便可繁殖。亚硝化细菌生长慢，代距长，而亚硝酸盐在硝化细菌的作用下转化为无毒的硝酸盐，这个过程常常发生在极短的时间内。因此，亚硝化细菌和硝化细菌（有些硝化细菌同时具有两种细菌功能）同时存在，对水中有害的氨、铵离子和亚硝酸盐迅速转化为无害的硝酸盐十分重要。

（3）反硝化细菌　它由具有反硝化作用的一组微生物种群组成，主要用于处理底质的烂泥。在水体底层溶解氧低于 0.5 毫克/升，pH 值 $8\sim9$ 条件下，反硝化细菌利用底泥中有机物作为碳源，将底泥中硝酸盐转为无害的氮气排入大气中，或转化为有毒性的亚硝酸盐、氨、铵离子，留在池水中。反硝化过程消耗了大量的底层发酵产物和沉积于底层的有机物，底层污泥中有机物和硝酸盐的含量迅速减少，可有效预防因天气突变引起的对虾的应激。可见，在虾池内使用反硝化细菌利大于弊。

利用反硝化细菌处理底泥的污染，减少底泥中硝酸盐的含量，关键是选择好菌种，只有使用通过实验室筛选的反硝化主要产物为氮的反硝化菌株，才能做到既减少底泥有机物和硝酸盐含量，又能保持水质长期稳定。

（4）酵母菌　在有氧条件下酵母菌将溶于水中的糖类（单糖和双糖）、有机酸作为其所需碳源，供合成新的原生质及酵母菌生命活动能量之用，可将糖类分解，完全氧化为二氧化碳和水。在缺氧条件下，则利用糖类作为碳源。因此，酵母菌能有效分解溶于水中的糖类，迅速降低水中生物耗氧量。

近年来，不少地区在专家的指导下进行健康养殖，就是利用微生物活菌制剂来调控水质，在养殖过程中不使用抗生素药品，获得养殖成功。

我国当前在水产养殖中特别是对虾养殖中使用的所谓有益微生物制剂，包括两个类型的产品。一类是微生物环境改良剂。其定义为：在微生物生态学理论指导下，应用非病原微生物技术处理污水，降解有害物质。应用的细菌可以从自然界分离选择，也可以是工程菌，大家比较熟悉的是光合细菌、枯草芽孢杆菌等，其他各类的有益微生物产品日益增多，产品的质量也在不断改进，逐渐由单一细菌群发展为几种或10多种复合种类（如EM剂），商品名称也不相同。另一类是微生态制剂，通称益生菌。定义为：在动物微生态理论指导下，采用已知有益的微生物，经培养、发酵、干燥等特殊工艺制成的用于动物的生物制剂或活菌制剂（何清明，2001），如乳酸杆菌。它强调的是正常微生物和宿主（动物）的关系。事实上，Full（1998）对益生菌的定义表述为：能够促进肠内菌群平衡，对宿主起有益作用的活的微生物制剂。

有益微生物在对虾养殖中主要有四方面的功能：①在污水处理、生态环境的平衡和恢复方面，使用微生物是最优良的方法，很少产生二次污染，它在有机污染物矿化作用、分解有机物、消除其他有害物质方面起着重要核心作用；②这些有益微生物中，许多种类可以释放出新生物质，抑制病原菌的繁殖和生长，它们可促进某些放线菌的繁殖，从而抑制一些病原细菌的繁殖，以减少空白的"生态位"，增加物种的多样性；③有益微生物可以作为重要的饲料营养元素，提供一些微量的可提高对虾免疫力的营养物质；④有的有益微生物具有微生态功能，可利用有益微生物直接补充对虾体内、体表所缺少的正常微生物群或促进正常微生物种群的建立和恢复，特别是在水体消毒后，这方面的功能更为突出。

我国的微生物制剂、活菌以及同类产品已经在生产上应用，特别是光合细菌的应用已十分普遍，其他活菌及微生物产品，如芽孢杆菌、乳酸杆菌、酵母菌、硝化细菌、反硝化细菌等，都在对虾养殖业上广泛应用。这里要特别提出几个问题供对虾养殖业者作参考。

（1）微生物的有效性问题 有些微生物活菌制剂生产厂家过分强调微生物的含量而忽视其有效性能。有的标称每毫升（克）含活菌数 100 亿个，甚至更多。使用者不清楚这个标称的含量是表示刚生产出来时的活菌含量，还是表示用户使用时的活菌含量，因为微生物在贮存过程中会死亡相当一部分，在保证其有效数量的前提下，活菌含量越高，应用得到的效果越好。

（2）有益微生物的种属数量问题 有些微生物活菌制剂的生产厂家盲目追求或夸大了微生物的种属数量，而忽视它们之间的拮抗作用。微生物在各自单独培养保存时，能保持各自的活性和功能，如果把它们混合在一起培养或保存，稍有不当，就可能发生化学反应或拮抗作用，活性明显下降。例如，有些酵母菌和光合细菌混合在一起，两者立刻起化学反应，产生沉淀，死亡菌数大量增加。

（3）夸大微生物制剂的功效问题 有些微生物活菌制剂只含有单一活菌，却被宣称含有多种混合菌、复合菌，并被宣传能做到有病治病，无病防病，夸大使用效果，欺骗虾农。微生物活菌制剂在净化水质方面有显著的效果，可改善养殖环境，保持水环境稳定，对预防虾病有一定的作用，但它不是万能的，所以养殖业者一定要掌握科学知识，正确使用。

第三节 抗菌的中草药

对虾健康养殖的目的是养成的商品虾是符合国际卫生标准的、绿色的、无污染的安全食品。在养殖期间应禁用抗生素，选用合成的抗菌中草药，多用天然营养药物。这里介绍几种常用的中草药供参考。

一、大蒜

大蒜的有效成分为蒜素和大蒜新素，其中紫皮大蒜的抗菌能力较强，对许多细菌、霉菌和原生动物等引起的疾病均有治疗作用。用药浓度为 20～50 毫克/升浸泡或每千克饲料加 20 克制作药饵。上述含量的大蒜与其他抗菌药物合用效果更好，如在大蒜药饵中加 0.2 克的土霉素，能发挥更大的治疗效力。在水环境内再加入 2～4 毫克/升的漂白粉，这种混合用药法对治疗和预防对虾的红腿病有明显的效果。

大蒜虽然能起到广谱杀菌作用，但其性质不稳定。蒜素只有在捣碎后才能逸出（捣碎磨烂后还原酶显示活力，释出蒜素），若能挤出蒜汁，其效果会更好。因此，使用受到一定的限制。

二、五倍子

主要作用于真菌，对细菌及原生物也有一定的毒性作用。常用量为 4～5 毫克/升浸泡或者每千克饲料加 2 克制作药饵。五倍子的浓度配制标准为每 500 克五倍子原料加水 2 千克煮汁，浓缩成 500 毫升。该药有抑制病菌的作用。

三、穿心莲

穿心莲又名一见喜、苦草，为爵床科草本植物，经晒干粉碎或制作干浸膏或药片供药用，亦可配成复方药物，是一种常用的中药。

（1）理化性状 本药主要含穿心莲内脂、新穿心莲内脂、脱氧穿心莲内脂及黄酮类和生物碱等有效成分，味极苦。

（2）毒性　是一种低毒药物，每升浸泡 3～7 毫克，对防治对虾细菌性疾病的效果较好。

（3）用途及用法　穿心莲及其复方制品的抗菌作用较强，特别是对金黄色葡萄球菌、肺炎链球菌、痢疾杆菌、大肠杆菌等有抑制或杀灭作用，用药浓度为 3～7 毫克/升（浸泡）或每千克饲料加 20 克。

四、黄连

本药品为毛茛科植物黄连，又名味连、川连、鸡爪黄连，应用中常用其提取物黄连素。

（1）理化性状　本品原粉及制剂为黄色或黄棕色，味极苦。主要含黄连（小聚碱），为广谱抗菌药物，对葡萄球菌、大肠杆菌、溶血链球菌、痢疾杆菌及阿米巴原虫有抑杀作用。

（2）毒性　毒性较低，虾类的有效用量为 0.8～1 毫克/升。

（3）用途　用于防治细菌性疾病，常用药剂为黄连素成药，具有药源丰富、有一定的营养价值、副作用小、毒性残留期短、对热相对稳定、易溶于水和不污染环境等优点，可用来加工成药饵或直接浸泡治疗虾病。黄连素不仅对细菌性疾病有疗效，对某些病毒、真菌的防治也有一定作用，是一种较有发展前途的药物。现已引起国内外有关方面的重视，希望各科研院所、高校等有关单位对其抗病机理进行深入研究与开发。

第四节　抗病毒类药物与营养调节药物

病毒是一类以核酸为中心、蛋白质为外壳、不具细胞结构的微型颗粒。病毒是一类严格在细胞内寄生的非细胞形态的微生物，在普通光学显微镜下难以见到，可以分为 DNA（脱氧核糖核酸）病毒和 RNA（核糖核酸）病毒两种类型。它们的生长和繁殖都必须在活体细胞内完成。理论上，凡是能中断病毒增殖周期中任何一个环节的措施，都可以达到抑制病毒的目的。

例如，已知有两种球蛋白能与游离病毒体结合，阻止它们侵入细胞；金刚烷能遏制某些病毒蜕壳（病毒入侵细胞前必须蜕壳）；碘苷阿糖胞苷等能抑制病毒 DNA 的合成；利福平能抑制病毒包膜的形成。据杨丛海等报道，他们在饵料中添加微量的肽聚糖多糖有明显抗 WSSV 病效果；神经胺酸酶能阻止病毒体的释放等。上述各种药物在实际应用中的困难较大，理由是：①不同种类的病毒对药物的敏感性不同，较难做到对症下药；②许多药物对有机体细胞可能是有毒的；③现有药物价格较贵，很难推广。

目前，我国不少科研机构和高校都在对病毒进行研究，1991年在华南地区由中山大学生命科学院徐利生、何建国教授等与中国水产科学研究院南海水产研究所陈福华助理研究员在粤东潮阳首次发现斑节对虾杆状病毒之后，何建国教授开展了对对虾病毒的专门研究，于 1996 年前往美国海湾海岸研究中心进行病毒的研究，1997 年回国后开展白斑综合征病毒对斑节对虾亲虾的感染及垂直传播的研究，并进行对虾病害的防治工作，先后带领 20 多位博士生，到海南、广东、广西等养虾生产第一线进行调查研究，对对虾高位池养殖模式及其病害控制的关系进行研究，尤其在对虾病毒病的研究方面做了大量工作，为我国对虾养殖的持续发展做出了重大贡献。我国的专家正在研究一种相对分子量较低的含糖蛋白质，利用它作用于细胞膜受体的特性，激发细胞的转录机制，形成特异的mRNA，指导合成抗病毒蛋白质，从而致使病毒代谢障碍，抑制病毒的增殖。这种物质具有广谱的抗对虾病毒的作用，特别是对RNA 型的病毒更为敏感。目前，国内研制开发较成功的产品主要有以下几种。

一、强力病毒康

强力病毒康是中山大学海洋生物技术研究院何建国教授经过十多年来的调查研究，根据对虾白斑综合征控制的相关理论，对近百种活性物质进行筛选研制而成，并在广东、海南、广西等地对虾养殖场生产应用，结果表明：连续 7 天投喂强力病毒康，经大剂量白斑综合征病毒人工感染，30 天后对虾成活率达 80％以上，而未投喂病毒康的对虾 5 天内死亡率为 100％。显然，强力病毒康可明显提高对虾白斑综合征的抵抗力，是预防和治疗对虾白斑病暴发流行的首选理想药物。

用法：将本品 200 克（一包）与适量黏合剂（如海藻粉或蛋白清）混合均匀，然后将药物加入 20 千克颗粒饲料中，加入适量清水搅拌，使药物与饲料充分混合均匀，阴干或晾干后即可投喂。每天用药 2 次，连续投喂 7 天为一个疗程，即每千克饲料加强力病毒康 10 克。预防用药量减半，每千克饲料加强力病毒康 5 克，每天喂一次。

2005 年 5 月珠海市三大灶镇个体户吴金有养殖面积 300 亩，为虾蟹混养模式，5 月放苗开始每天投喂强力病毒康一次，养殖的斑节对虾与锯缘青蟹生长正常，未发生病害，获得好收成。附近没有投喂强力病毒康的锯缘青蟹全部感染类呼肠弧病毒死亡，所剩的斑节对虾也是病虾，损失惨重。据调查，在广西钦州、防城，有的虾场养殖南美白对虾中期发病及时使用强力病毒康，病虾转危为安，保住了池塘的对虾获得好收成，取得较好的经济效益。

2004 年广西防城莫福对虾养殖场有 1000 亩的半精养模式养殖南美白对虾，第一造有 500 亩的对虾发病，结果损失惨重，另 500 亩及时邀请中山大学何建国教授亲临现场指导，建议马上投喂强力病毒康，并对水质进行处理，采用内外结合进行一个疗程的治疗，病虾全部被挽救，恢复了健康，获得好收成，亩产达 1800 市斤，获利 100 多万元。

2004～2005 年湛江市东海岛广东恒兴集团对虾养殖试验场使用强力病毒康进行防病，取得可喜的成绩，这两年，该场养殖的对虾健康生长，取得了丰收。

2005 年广东省海洋与渔业局开展科技入户，指导虾农进行健康养殖，在阳西，广大虾农积极开展科学养虾，在对虾防病方面，从种苗选择与水质调控入手，科学地应用有益微生物保持虾池优质稳定的水环境，并投喂强力病毒康防病，取得很好的效果。

预防对虾病毒病投喂强力病毒康，可以使对虾健康生长其原因如下：①强力病毒康能激活对虾的免疫功能，增强抗病毒力；②服用强力病毒康，对养虾池水质无任何不良影响；③应用强力病毒康防病，养殖的对虾壮实、存活率高、生长快、产量高。

由于强力病毒康在对虾养殖中优良的防病治病效果，养殖户从生产实践中得出该药物是当前防病治病的理想药物，值得推广。

二、鱼虾壮元

鱼虾壮元（原名抗病毒元）是一种由优质纯天然蛋白源组成的药物。该产品的原料所含的功能成分是免疫球蛋白、白蛋白以及来自墨鱼和动物血浆的不明促生长因子，并具有水生动物必需的磷脂、多种维生素及氨基酸。1998年，日本国立东京水产大学使用鱼虾壮元饲喂高浓度白斑综合征病毒（WSSV）感染的斑节对虾，获得成活率73％以上的效果。国内、外的大量养殖实践证明，该产品所含有的高效优质蛋白，99％以上可以被鱼虾消化吸收；该产品的主要功能成分能有效激活和改善鱼虾本身的免疫能力，对引起养殖鱼类多种病害的病原体、白斑综合征病毒病和弧菌病的致病因子支原体以及WSSV都有较强的抑制作用。

鱼虾壮元由广州市嘉仁高新科技有限公司卢婉娴研究员与宗志伦高级工程师，南海水产研究所宋盛宪研究员共同研制与开发，他们深入生产第一线，于1996年先后在中山沙朗、珠海斗门、深圳宝安、湛江、海南、广西等地养殖场和对虾育苗场进行鱼虾壮元的应用试验，并从生产实践中摸索了丰富的水产养殖和病害防治的经验。

鱼虾壮元对白斑综合征病毒的防治实例如下。

（1）1998年12月在泰国进行的生产试验结果：尽管白斑病毒浓度很高，但用添加4％鱼虾壮元（当时名为抗病毒元）的优质饲料投喂试验组斑节对虾，试验10天，取得存活率为73％的好成效，没有投喂鱼虾壮元的斑节对虾10天全部死亡。

（2）1999年由湛江市水产研究所副所长李色东高级工程师与养殖技术员向献芬在湛江东海岛广东恒兴集团对虾养殖场120亩的高位池，养殖斑节对虾，6口高位池共60亩，连续养殖2批，进行高密度精养斑节对虾中投喂鱼虾壮元，结果如下：①能有效提高对虾自身免疫功能，增强抗病能力，在虾病暴发流行季节安然无恙，取得了理想的效果；②服用鱼虾壮元养成的对虾体色光滑，色泽明亮，肌肉丰富，产量高；③操作方便，花费少，利用率高，长期使用对水质无任何不良影响。

他们认为，在对虾养殖过程中投喂鱼虾壮元，能达到健康养殖的效果，不但提高了存活率，而且能增产丰收，值得推广应用。

（3）1999年下半年，广西海洋研究所病害防治研究中心向广大养殖业者推广鱼虾壮元，广大虾农的一系列养殖生产实践表明，在对虾养殖防治病害过程中与使用其他药物的虾塘对比，使用鱼虾壮元的效果显著，对虾健康生长，取得较好的经济效益。鱼虾壮元有以下特点：①鱼虾壮元是一种优质高效的营养物质，可增强对虾抗病毒能力；②长期服用可促使对虾生长迅速、活力强、耐运输，养成商品虾肉结实、虾壳光滑、色泽明亮、市场售价高；③操作方便，产出投入比值高。

（4）深圳市沙井海上田园风光水产部佘忠明工程师于2000年5月3日放养35万尾南美白对虾，放苗后即投喂鱼虾壮元，养殖57天就可收成，成活率达98%，每500克30尾，产量740千克/亩。

深圳天俊粮油食品进出口公司水产部邱德依工程师于2000年5月25日放养352万尾南美白对虾虾苗，平均每亩放养3.35万尾，每天投喂两次鱼虾壮元，虾苗成活率达96%，养殖93天，共收虾22434.5千克，平均亩产达213.6千克，盈利429231元人民币。

值得注意的是，当前有些不法之徒以假乱真，造假药坑害虾农，在海南和广东珠三角地区，不少虾农发现假冒的鱼虾壮元在市场上销售，所以虾农一定要注意识别真假。

三、营养调节药物

1. 干酵母

又名食母生、啤酒酵母，是制造啤酒时得到的副产品，利用发酵液中的酵母干燥品加蔗糖混合粉碎而得到，1克干品含细菌少于1万个，霉菌少于100个。

（1）理化性状　本色为淡黄色至黄棕色的颗粒或粉末，具酵母异味，微苦，显微镜下，多数细胞呈圆形、卵圆形、柱圆形或集结成块。含有多种 B 族维生素，1 克干酵母含维生素 B_1 0.12 毫克，维生素 B_2 0.04 毫克，烟酸 0.25 毫克。

（2）作用机制　参与机体代谢，促进血液循环以及体内生物氧化，氨基酸与脂肪酸代谢。

（3）用途　可预防缺乏 B 族维生素的疾病和营养障碍疾病，促进对虾生长，提高饲料效率，在动物饲料中含 2%～3%。

（4）贮存　密封，干燥处保存。

2. 维生素 B_1

又名盐酸硫铵、盐酸噻胺，维生素乙，广泛存在于米糠、干酵母等，药用维生素 B_1 多为人工合成。

（1）理化性状　本药为细微结晶粉末，有特别气味，微苦，吸潮，易溶于水，略溶于乙醇，不溶于乙醚，为水溶性维生素。

（2）作用机制　维持体内正常糖代谢及神经、消化系统正常功能。

（3）用途　防治因维生素 B_1 引起的缺乏症，如神经类或消化道炎症，在对虾人工饲料中作为添加剂。

（4）贮存　密封，避光保存。

3. 维生素 B_2

又名核黄素，卵黄素，维生素 G、乙种维生素二和生长维生素，存在于酵母、动物肝、肾组织，药用者多为人工合成。

（1）理化性状　本品为橙黄色结晶性粉末，微苦，稍有臭味，在碱性溶液中或见光易变质。微溶于水，几乎不溶于酒精、氯仿或乙醚。

（2）作用机制　主要参与体内生物氧化作用。

（3）用途　用于防治因缺乏维生素 B_2 而引起的胃肠道炎、角膜炎、皮炎等。作为添加剂加入对虾饲料中。

（4）贮存　同维生素 B_1。

4. 维生素 B_3

又名烟酰胺、烟碱胺、烟碱酸胺。

（1）理化性状　本药为白色结晶性粉末，味苦，无臭，易溶于水和乙醇，溶于甘油。

（2）作用机制　参与体内多种代谢，促进血液循环。

（3）用途　可防治缺乏维生素 B_3 引起的皮肤角化症，作为对虾人工饲料添加剂。

5. 维生素 B_6

又名吡哆醇、吡哆辛，一般食物中含量较多，药用产品为人工合成。

（1）理化性状　本药为白色或类似白色结晶粉末，味酸苦，无臭，见光变质，易溶于水，微溶于乙醇，不溶于氯仿或乙醚。

（2）作用机制　主要参与氨基酸与脂肪代谢。

（3）用途　用于防治维生素 B_6 缺乏症、表皮炎症、贫血，作为对虾饲料添加剂。

（4）贮存　同维生素 B_1。

6. 维生素 C

维生素 C 又名抗坏血酸、维生素丙。在新鲜植物中含量丰富，药用的为人工合成。高稳西维生素 C 胶囊包膜产品为国内首创，已畅销国内外。

（1）理化性状　本药品为白色结晶粉末，无臭，味酸，久置变质，易溶于水，微溶于乙醇，不溶于氯仿和乙醚。

（2）作用机制　主要在体内参与氧化还原反应，参与细胞间质的生成，参与解毒过程，促进叶酸形成四氢叶酸，促进铁在肠道吸收，用于急性慢性中毒、贫血、创伤愈合及传染疾病的辅助治疗。在对虾养殖期间，尤其在高温季节，添加在饲料中，可促进虾蜕壳，增强免疫力和抗病毒能力。

（3）贮存　贮存于避光处。在高温季节，每千克饲料加 4 克高稳西维生素 C，每个月喂 4 天，可预防病毒病。

7. 复合维生素

又名多种维生素，是由几种含不同维生素的物质，按不同需要配合而成的混合制剂。

（1）成分与性状　通常复合维生素中含维生素 A、维生素 D、维生素 E、维生素 K、维生素 B_1、维生素 B_6、维生素 B_{12}、泛酸钙、烟胺、叶酸、肌醇、氯化胆碱、生物素、维生素 C、氨基苯甲酸等。可根据不同目的调整其种类和用量。

（2）用途　防治因缺乏维生素而引起的疾病，一般在饵料中添加 0.5%～1%，以提高饲料效率，促进对虾生长，增强抗病力。

（3）贮存　于干燥或冷暗处。

8. 虾用多维预混料

维生素是促进生长发育、繁殖、营养代谢、维持水产动物健康养殖不可缺少的营养素。杭州市高成生物营养技术有限公司研制生产的虾类用多维预混料，能将易变化不稳定的维生素 C、维生素 E、维生素 B_1、维生素 B_6 等维生素以及胆碱进行微胶囊化处理和包膜，不受光、热、水分及金属离子的影响，在饲料加工、贮存和使用过程中溶失率低、稳定性强，成为当前对虾饲料应用中最理想的产品，受到国内外饲料厂家的欢迎，成为虾类养殖最佳的专用产品之一。

（1）特点　提供高效价的多种维生素，并有效提高饲料加工中维生素的存留率；微胶囊化处理可使产品在水中溶失率降到最低；能有效促进对虾的生长，提高饲料利用率，增强对虾抗病力和免疫力。

（2）用法和用量　多维 1 号：适用 0～30 天的仔虾；多维 2 号：适用 30～60 天的仔虾；多维 3 号：适用 60 天后直至养成商品虾收成。

9. 复合酶微囊

复合酶微囊制剂主要功能是提高饲料的利用率，降低饲料系数。饲料加工过程中的粉碎、制粒等工艺易使酶制剂失活，饲喂的方式不同，都可能降低复合酶的作用。

杭州"高成"牌复合酶微胶囊是针对上述情况及不同动物种类和年龄的消化道发育规律，采用新型的辅料对复合酶等进行微囊化处理而制成，提高了酶的稳定性，并具有控释作用，是国内的新产品。

复合酶微囊对水产动物有较明显的辅助消化吸收作用，防止摄食前酶对饲料的作用，降低饲料系数，改善水质，减少肝脏和消化道疾病发作，对保护对虾的肝脏具有明显的作用。本品使用安全，无任何副作用，在海南、广东、广西、福建沿海已成为养殖业者的必需药物。

第五节　药物的科学使用

健康养殖的主要指导观念之一是如何正确使用药物。保证食品安全要做到科学用药，必须在渔药使用上尽可能不使用在生物体内长期残留以及对环境有长期影响的治疗或消毒药物，以预防为主，在万不得已的情况下才使用对症治疗药物。过去，由于虾病暴发，虾农为了治虾病，到处买药，滥用药物相当严重，于是社会上不法分子乘机而入，到处贩卖假药，不但医不了虾病，反而死了虾。据不完全统计，全国水产药品在市面上已有上万个品种，五花八门，从北到南的人药、兽药、消毒药、抗菌药等都拼命往对虾药物里挤，尤其是许多假冒伪劣产品纷纷上市，再加上药品管理未上轨道，给养殖生产带来严重损失和危害。近年来，仅广东省年用渔药金额达 8 亿元。这些药物用到池塘中并没有抑制广东鱼虾病的发生，反而不断出现新的病症、病原。目前广东养殖池塘微生物生态系统的破坏和水产资源的衰竭程度不能说与滥用药物无关，过去因鱼虾生病而用药，现在却是不少养殖户是因为用药不当导致鱼虾发病，也就是所谓专家指出的"养虾的药病"。

虾病药物本身有很大的特殊性，水产养殖与畜牧养殖有根本的差别，许多兽用药物绝对不能作为虾药使用。有的药厂不断变换手法，推出什么"新药"、"特效药"，未经任何试验鉴定和政府批准，把一个药改头换面换个新包装，改个新名字，便成了新特药。这种背离商业道德的行为，严重坑害了虾农，造成不应有的损失，养殖业者由于缺乏科学的识别能力，反而成了害死自己养殖虾的凶手。

因为水产养殖品种、养殖模式以及环境、季节等的差异，给药物的选择增加了难度。在虾类病害防治中，存在着使用药物杂、剂量大、疗效不明显等问题，禁用药如孔雀石绿、敌百虫、氯霉素、六六六、磺胺脒等还继续使用，屡禁不止，这显然与健康养殖背道而驰。为此，应强调使用国家颁布的推荐用药，注意药物间的相互作用，避免配伍禁忌。推广使用高效、低毒、低残留药物，并把药物防治与生态防治、免疫防治结合起来。使用虾类防病的药物需遵照以下几个标准：①药物对养殖池病原菌有显著的抑制作用；②使用后，虾池内浮游生物在 48 小时内恢复到养殖环境的正常水平；③药物对养殖生物和主要基础生物种群无伤害；④将虾类养殖环境理化因子控制在指标变化允许范围；⑤使用后不能使养殖生物含有任何残毒。

一、常用清塘消毒药物的取代物——有益微生物制剂

一般认为使用化学消毒剂清塘消毒最方便，但从当前水产病害控制实践来看，彻底消灭致病微生物的技术措施越来越难实现，因为任何药物不可能只杀灭病原而不损害有益生物，而现代的养殖工艺在很大程度上仍然依赖这些天然的生物群落结构，满足养殖对象的生理生态要求。其次，不可能使用消毒剂直接杀灭被感染者体内的病毒，若使用不当，消毒剂对被感染者产生损害，破坏了生态结构中维持正常生态平衡的生物群落。

因此，采用化学消毒剂有两个原则：一是彻底消灭微生物，然后人工重新建立新的生物群落结构，特别是有益微生物及单胞藻群落，保持有益微生物的优势，有利于抑制病原生物的数量；二是有选择地、谨慎地使用药物，这个原则虽然增加了选药的难度，但符合了用药的一个重要原则，就是专一性，目标越集中越好。

在养殖过程中，一般习惯用硫酸铜、漂白粉和高锰酸钾进行水体消毒，即使合理使用这些药物，也会给池塘带来污染，所以可利用微生态制剂来调节水体的生态平衡，以达到防治病害的目的。

1. 微生态制剂在水产养殖防病中的功效

微生态制剂主要是通过高效调节水质或水体微生态环境而间接地防治虾类的病害，也有有益微生物可参与虾类体内微生态的调节。微生态制剂有以下几方面的功效。

（1）净化水质，清除污染物　由于养殖池塘经养殖后产生大量的残饵、粪便、生物尸体及有机污染物等，生成大量的硫化氢等有毒物质，导致虾发病。利用微生态制剂在微生物代谢过程中的气化、氨化、硝化、反硝化、解磷及固氮等作用，将上述物质分解为二氧化碳、硝酸盐、硫酸盐等，被水体中微藻类加以利用，起到净

化水质的作用；另外，还可间接起到增加水体溶解氧的作用。目前常用的水质净化微生物有光合细菌、枯草杆菌、芽孢杆菌。

（2）参与虾类体内的微生态调节　微生态制剂可以调节虾类体内菌群结构、抑制有害生物的生长，预防和减少病害的发生。微生物制剂进入虾体后，在肠道内产生有益菌群，一方面与致病菌争夺生存和繁殖空间、定居部位及营养元素等，抑制其他微生物的生长；另一方面能分泌抑菌物质抑制病原体的增长，如乳酸菌通过分泌细菌素、过氧化氢、有机酸等物质，使肠道 pH 值下降，抑制有害病原微生物的繁殖，使有益微生物菌群占优势。

（3）防止虾类体内有毒物质的积累　有益微生物制剂如乳酸杆菌、链球菌、芽孢杆菌等，可以阻止毒性胺和氨的合成；多数好氧菌产生超氧化物歧化酶（SOD）帮助虾类消除氧自由基。

（4）提高虾类的免疫力　微生态制剂也是一种很好的饲料添加剂，能起到免疫激活的作用，提高虾体免疫球蛋白浓度和巨噬细胞的活性，增强机体的免疫力。虾摄食益生菌、虾蟹宝，能调整肠道内的菌群构成，促使肠道微生态的改善与平衡，活化肠黏膜内的相关淋巴组织，通过淋巴细胞再循环活化全身的免疫系统，从而增强虾免疫力和抗病力。

（5）促进虾类生长　虾饲料中添加微生态制剂为虾补充营养，光合细菌的粗蛋白含量高达 65%，富含多种营养元素。此外，一些微生物在代谢过程中产生促生长类的生理活性物质，有助于虾对食物的吸收和消化，促进虾的健康生长。

2. 微生态制剂是虾类健康养殖的重要措施

水产养殖专家认为，药物防治疾病只是暂时性的手段，存在着食品安全性等问题，生态防治才是今后水产养殖业可持续发展的唯一出路。因此，要加强对微生物群的作用特点和优化养殖水域生态结构的研究，同时指导养殖业者更具体地针对水域情况，选择适宜的有益微生物产品，以确保水产养殖的健康发展。

二、中草药在防治虾病中的应用

目前，中草药药饵在养殖业中的应用还不够。中草药不仅对细菌性疾病有作用，而且对某些病毒和真菌的防治也能发挥一定的作用。以中草药研制的药饵，可以提高饵料的营养价值，副作用小，残留时间短，易溶于水，不污染环境。中草药药饵的制备，大多是取晒干的穿心莲、大青叶、板蓝根、五倍子、大黄、大蒜粉、鱼腥草等磨碎成 60 目粉末，可单一地加入饵料中，也可以几种混合使用，能增强虾体抗病力，对多种细菌和病毒有抑制作用。许多中草药是广谱抗菌药，作为预防与治疗是不可缺少的，产生的效果是抗生素和化学合成药物等所起不到的。

用中草药研制的药饵来防治虾病，是今后虾病防治的发展方向。有些虾农对药饵的应用效果看法不一，主要原因是不了解中草药的特殊性质。不同的药饵因含药物的种类、含量及生产工艺等方面不同，效果也不同，要因地制宜，合理使用药饵。如何使用中草药防治虾病需要科研人员继续深入研究。

三、选择药物的原则

虾病防治中供选择的药物种类繁多，只有对症下药才能收到效果。在选择虾病治疗药物时，首先要区分虾病的类型。虾病大致可分为生物性与非生物性两大类，前者为传染性虾病，也是养殖期间危害最大的一类。

虾病与环境压力、病原体侵入和虾体质强弱有关，即人们所说的致病三因素。药物防病的原理在于利用药物控制病原生物，改善环境条件，防止虾病发生。因此，在选择防病药物时，要根据池塘的现状、养殖的模式与要求以及达到的目的，确定选择哪一类或哪一种药物。如果要消除底泥的硫化氢或降低水体中氨氮浓度以达到改善环境的目的，则以物理方法与生物方法来处理，用硅酸铁、沸石粉、白云石粉或者用一些氧化剂以及光合细菌效果较好。如果以杀灭或抑制病原微生物为目的，选择氧化剂、季铵盐、有机碘等较安全，隔 24 小时后施放有益微生物制剂效果好。同样，若要抑制或杀灭虾体的病原细菌，应选择微生物制剂调整池塘的生态环境，培养有益单胞藻等微生物为优势种群来抑制病原菌的繁殖，这是最理想的处理办法。

在选择虾病防治药物时，只考虑药物的疗效是不全面的。一些药物，像福尔马林（甲醛）、硫酸铜、抗生素，虽有较好的疗效，但对虾类也有较大的毒副作用；有些禁用药物，长期使用会造成环境污染及其他不良后果。另外，考虑到虾病防治一般用药量较大，成本较高，在选择药物时还要掌握可行性原则。

要做到对症下药，除了需对虾病做出正确诊断外，还要了解所选择药物的性能、作用机制、用量及其应用效果，力求达到准确、疗效高、毒性低、副作用小，充分发挥药物的效果。

在虾类养殖发展史上，先后出现了几代氯制剂消毒剂，但随着水产养殖集约化程度的提高，其弊端也日益明显。新型的消毒剂季铵盐等与传统的氯制剂相比，有如下几个比较明显的特点：①广谱，快速，无毒，高效，用量小，对水中病原病毒、细菌杀灭力强；②对水中有益藻类无杀灭作用，不影响水色；③消毒效力稳定，不受池水 pH 值及氨氮的影响。

四、要注意影响药物作用的因素

影响药物作用的因素包括以下几个方面。

（1）药物因素 包括药物的理化性质、用量、给药方法及药物在体内的代谢等。

（2）机体因素 药物受虾类的体质、种群、结构等的变化影响很大，会表现出不同的结果。个体大小以及养殖密度也会影响用药效果。

（3）环境因素 池塘的 pH 值、温度、盐度、溶解氧等对药物会产生不同的反应与影响，用药时必须注意水质、季节、气温等外界环境的变化。如水温对药物影响较大，含氯消毒剂与化学消毒剂在温度相差 1℃ 时，消毒能力就有所不同，温度高，反应快，消毒效果显著。

五、对虾病害防治给药方法的选择

在虾病害防治过程中，给药方法是否恰当，直接影响治疗效果。常用的给药方法有全池泼洒、浸泡法与口服法。也可以两种方法同时使用，内、外结合治疗，以达到最佳的防治效果。

全池泼洒药物，使池水中药液达到一定浓度，杀灭虾体上及池塘中的病原体，是虾类病害防治中常用的一种方法。采用此法时，首先要测量虾池中水的体积，然后按药物所需剂量和水的体积计算出虾池的总用药量。此法杀灭病原体较彻底，防治均可使用。

药物浸泡法用药量少，操作简便，可人为控制，对体表和鳃上病原生物的控制效果好，是目前工厂化养殖常用的一种药浴方法。在人工繁殖生产中，从外地购买的亲虾及其受精卵也可用浸泡法进行消毒。

口服法是按一定剂量将药物均匀地加入饲料中，制成药饵，按时投喂虾类。可根据药物的性质采取不同的配制方法。对于性质比较稳定、受热和光的影响不会很快分解或变质的药物，如穿心莲、黄连素等，可将药物溶于水后均匀喷洒在配合饲料中，制成药饵；对于性质不稳定、见热和光易分解或变质的药物，如维生素C或微胶囊包膜的药物，可均匀喷洒在配合饲料上，稍晾干再喷洒一层植物油或鱼油（使药物表面有一层油膜），或用鸡蛋清，这样能防止投喂后饲料上的药物溶于水中。剂量一般是按饲料的定量计算，即每千克饲料中用多少克药。口服法主要用于防治虾寄生虫性传染病和营养缺乏引起的疾病，并提供能增强虾抗病力的物质。

六、科学使用药物

1. 把握好用药时间

把握好用药时间关系到抑菌、杀菌效果。全池泼洒的药物晴天使用效果好，雨天与阴天使用药物效果差。口服药物要根据养殖虾的种类来确定，如南美白对虾是晚间活动摄食的，在夜间或傍晚投喂药饵防治效果好。

2. 虾病的防治需要一定的疗程

养虾户应按照药物的使用说明，严格遵守用药次数和全程用药量，切勿随意增减，对毒性大的或消除慢的药物，应规定每天的用量和疗程，以免造成药物不必要的浪费，用得不好还会污染环境。要准确计算用量。

3. 提高药饵的质量

使用药饵有预防和治疗之分。预防的药物要针对对虾不同生长时间而研制，随时改变药饵的种类和含量。不管是预防还是治疗的药饵，都要求虾喜食，诱食性较强，否则入水后药物易流失，影响疗效。

4. 轮换使用药物

长期或反复使用同一种药物，易引发药效减退或无效。因此，不要长期使用单一品种的药物，轮换品种，选用不同的药物，效果会更好。

5. 要注意药物的拮抗与协同作用

生产中，两种以上的药物混合使用时，会出现不同的结果。拮抗作用使药效互相抵消而药效减弱，如生石灰不能与漂白粉、有机氧、重金属盐、有机结合物混用。协同作用使药物互相帮助而药效加强。不能随便混合渔药，虾农应特别注意的是不要用敌百虫，因其毒性强，危害人体，而且敌百虫与碱性物质合用会生成毒性很强的敌敌畏。有些药物可以混用，如大黄与氨水合用可提高药效 10 多倍。

七、用药的注意事项

为了最大限度地发挥药效，应科学地选择药物，避免使用不当而造成危害。

1. 用药量要适当

用药量即药物的浓度或剂量，是直接影响药效的重要因素之一。一般说来，在一定范围内，同一药物的用量增加或减少，其药力也会相应增加或减少，即所谓用量与疗效的关系。药量浓度过低时，不能达到疗效。能够产生效应的最低药物浓度称为最低效应浓度；超过最低效应浓度并能产生明显疗效，但又不引起毒副作用的药物浓度称为安全浓度；超过安全浓度，并引起毒副作用的浓度称为最小中毒浓度；能够导致虾死亡的浓度称为致死浓度，其中能引起 50% 虾死亡的浓度称为半数致死浓度。用药量一定要控制好，否则会导致虾死亡更快，虾病更易暴发。

2. 疗程要充足

药物效应不一定立即产生，也不是永久不变的，治疗期长短不同，药物效应也会不同。这种时间与效应的关系称为时效关系。

抗生素类药物治疗期一般不应少于 5 天。疗程不够如同剂量不足，会导致病原菌对药物产生抗药性。抗药性的产生是化学治疗中普遍存在的现象，必须引起注意。现在推广用中草药来防治虾病，具有许多优点。

3. 注意环境因子对药物的影响

水域环境中，温度、盐度、酸碱度、氨氮、有机物含量（包括溶解和非溶解态）以及生物密度（生物量）等，都是影响药效的重要因素。

一般认为，药效随水体盐度的升高而减弱（茶粕除外）。药效随温度升高而增强，通常温度每提高 10℃，药力可提高 1 倍左右。酸碱度（pH 值）不同，对药物也有不同影响。如漂白粉在碱性环境中，由于生成的次氯酸易解离成次氯酸根离子，因而作用减弱。除上述因素外，水体中有机物的大量出现，通常可减弱多种药物的抗菌效果，尤其是化学消毒剂的影响更为明显。因此，在用药时必须对水质进行检测，然后选择所用药物种类，才能达到目的。

4. 选用消毒剂时的注意事项

（1）所选消毒剂应对池塘内病原菌有显著的抑制作用。

（2）所选消毒剂应不损害虾塘内基础饵料生物类群。

（3）无论用什么消毒剂，对养殖水质的影响必须控制在水质标准变化幅度允许范围之内。

5. 使用内服药物时的注意事项

（1）所用内服药物能增强虾抗病力，提高免疫力，促进生长。

（2）保护虾肝脏、胰脏，对虾不能有任何副作用。

（3）及时补充诱食性强的营养物质，不出现因耐药性和抗药性而引起的虾中毒。

（4）请勿盲目使用未经过科研单位鉴定、国家不认可和未批准的药物，否则，滥用药物会造成惨重的损失。

总之，药物是在不得已的情况下使用的，一般可用或不可用的药物以一律不用为宜。养殖业者首先要诊断虾是否有病，多与专家联系，然后再确定是否用药，用什么药要按渔业用药的规范合理使用，对症下药，确保水质环境的安全与稳定，使养殖的商品虾是安全食品，真正做到健康养殖。

附　　录

附表 1　渔业水质标准 GB 11607—89

序号	项　目	标　准　值
1	色、臭、味	不得使鱼、虾、贝、藻带有异色、异臭、异味
2	漂浮物质	水面不得出现明显油膜或浮沫
3	悬浮物质	人为增加的量不得超过 10mg/L，而且悬浮物质沉积于底部不得对鱼、虾、贝产生有害的影响
4	pH	淡水 6.5～8.5，海水 7.0～8.5
5	溶解氧	连续 24h 中，16h 以上必须大于 5mg/L，其余任何时候不得低于 3mg/L。对于鲑科鱼类栖息水域冰封期，任何时期不得低于 4mg/L
6	生化需氧量	不超过 5mg/L，冰封期不超过 3mg/L(5 天，20℃)
7	总大肠菌数	不超过 5000 个/L(贝类养殖水质不超过 500 个/L)
8	汞	≤0.0005mg/L
9	镉	≤0.005mg/L
10	铅	≤0.05mg/L
11	铬	≤0.1mg/L
12	铜	≤0.01mg/L
13	锌	≤0.1mg/L
14	镍	≤0.05mg/L
15	砷	≤0.05mg/L
16	氰化物	≤0.005mg/L
17	硫化物	≤0.2mg/L
18	氟化物(以 F⁻ 计)	≤1mg/L
19	非离子氨	≤0.02mg/L
20	凯氏氮	≤0.05mg/L
21	挥发性酚	≤0.005mg/L
22	黄磷	≤0.001mg/L
23	石油类	≤0.05mg/L
24	丙烯	≤0.5mg/L
25	丙烯醛	≤0.02mg/L
26	六六六(丙体)	≤0.002mg/L
27	滴滴涕	≤0.001mg/L
28	马拉硫磷	≤0.005mg/L
29	五氯酚钠	≤0.01mg/L
30	乐果	≤0.1mg/L

附表 2 海水水质要求

悬浮物质	人为造成增加的量不得超过 1 毫克/升
色、臭、味	海水及海产品无异色、异臭、异味
漂浮物质	水面不得出现油膜、浮沫和其他杂质
pH 值	7.5～8.4
化学耗氧量	<3 毫克/升
溶解氧	任何时候不低于 5 毫克/升
水温	不超过当地、当时水温 4℃
大肠杆菌	不超过 10000 个/升(供人生食的贝类养殖水质不超过 700 个/升)
病原体	含有病原体的工业废水、生活水须经过严格处理,消灭病原体后方可排放
底质	砂石等表面的淤积物不得妨碍种苗的附着生长,溶出的成分应保证海水水质符合附表 2、附表 3 的要求
有害物质	应符合附表 3 规定的最高容许浓度要求

注:上述海水水质标准,是为了防止和控制水质污染,使渔业水域水质符合鱼虾贝藻类正常生长和繁殖的要求,达到保持水生生物资源,保持生态平衡,保障人体健康,促进渔业生产的发展。资料引自《农业部渔业水域水质标准》。

附表 3 海水养殖用水中有害物质最高容许浓度

序号	项目名称	最高容许浓度,毫克/升	序号	项目名称	最高容许浓度,毫克/升
1	汞	0.0005	9	油类	0.05
2	镉	0.005	10	氰化物	0.02
3	铅	0.05	11	硫化物	按溶解氧
4	总铬	0.10	12	挥发性农药	0.005
5	砷	0.05	13	有机氯农药	0.001
6	铜	0.01	14	无机氮	0.10
7	锌	0.10	15	无机磷	0.015
8	硒	0.01			

注:上述标准的制定是根据主要经济水生生物及其主要的饵料生物对水中污染物的耐受量来考虑的,水中污染物含量不得造成这些水生生物的急、慢性中毒,不能危害它们的生长、发育、繁殖。资料引自《农业部渔业水域水质标准》。

附表 4　常见重金属离子及有毒物对仔虾、幼虾的毒性

单位：mg/L

毒物名称	24h Tlm	48h Tlm	96h Tlm
汞（Hg^{2+}-$HgCl_2$）	0.1	0.018	—
铜（Cu^{2+}-$CuSO_4$）	10	2.25	0.17
锌（Zn^{2+}-$ZnSO_4$）	3.1	2.5	0.3
铅［Pb^{2+}-$Pb(NO)_2$］	—	6.8	1.6
酚（C_5H_6OH）	27	25.5	7
氯化汞	0.52	0.57	0.42
硫酸铜	10.1	8.4	5.3
硫酸锌	12.0	7.0	4.2
原油	20.0	13.1	11.1
汽油	1.18	1.0	1.0
煤油	1.42	1.25	0.2
轻柴油	7.0	5.0	—
润滑油	—	25.0	5.0
马拉硫磷	0.068	0.0021	0.0134
敌百虫	—	—	0.056
内吸磷	0.1	0.04	0.026
杀虫脒	11.5	5.9	2.85
五氯酚钠	—	—	0.32
间苯二酚	1.68	22.5	10.0
对苯二酚	1.17	0.6	0.6
硫氨基苯酚	3.15	1.32	1.32
甲醛	3.7	2.8	2.6
丙烯腈	25	16	7
水合肼	420	0.87	0.31
水合氯醛	3.21	360	285
硫化钠	36	2.28	2.0
苯酚		31	22

附表5　常用清池药物的用量及使用方法

药物名称	有效成分及其含量	使用浓度	使用方法	主要杀伤种类	药效消失时间	备　注
茶(籽)饼	皂角 $10\% \sim 15\%$	$10 \times 10^{-6} \sim 30 \times 10^{-6}$ $(10 \times 10^{-6} \sim 20 \times 10^{-6})$	敲碎后用水浸泡24小时后稀释泼洒	鱼类	2~3天	价廉，残渣又可作肥料
鱼藤精乳剂	鱼藤酮 $5\% \sim 7.5\%$	$2 \times 10^{-6} \sim 3 \times 10^{-6}$ $(0.5 \times 10^{-6} \sim 1 \times 10^{-6})$	用淡水混合均匀后全池泼洒	鱼类	2~4天	使用方便，对于可作饵料的贝类、多毛类、甲壳类的毒性小
鱼藤根粉	鱼藤酮 $4\% \sim 5\%$	$4 \times 10^{-6} \sim 5 \times 10^{-6}$	浸泡泼洒	鱼类	2~5天	使用方便，对于可作饵料的贝类、多毛类、甲壳类的毒性小
生石灰	生成 $Ca(OH)_2$	$375 \times 10^{-6} \sim 500 \times 10^{-6}$	干撒或水中化开后泼洒全池	鱼、虾、蟹、贝、细菌、藻类	10天	可调节pH，改善通气
漂白粉	有效氯约30%	$30 \times 10^{-6} \sim 50 \times 10^{-6}$	先加少量水调成糊状，再加水泼洒	鱼、虾、蟹、贝、细菌、藻类	1天	避免使用金属工具，戴口罩
氨水	农用含氮量 $15\% \sim 17\%$	250×10^{-6}	稀释泼洒	鱼、虾、蟹及其他动物	2天	可起肥水作用
二氯酚钠		$2 \times 10^{-6} \sim 4 \times 10^{-6}$ (0.5×10^{-6})	溶于水泼洒	水草、鱼、虾类和螺类	数小时	
巴豆	含巴豆素	15×10^{-6}	将巴豆磨成粉状，用水浸泡，密封1~2天待用	鱼类	10天	

注：括号内数字是放养虾后杀鱼留虾的用量。

附表6　常用虾药混合使用参考表

药名	食盐	高锰酸钾	硫酸铜	硫酸亚铁	敌百虫	碱性绿	次甲基蓝	生石灰	大蒜	大黄	氢氧化铵	醋酸	柠檬酸
漂白粉	√												
食盐		√							√	√			
硫酸铜		√		√				×	√	√	√	√	√
敌百虫			√	√				×					
福尔马林							√						
小苏打	√		×									×	×
面碱				√									

注：√标识能混用；×标识不能混用。

附表7　虾病防治药物用量对照（g）

面积（m²）	平均水深（m）	药物浓度（g/m³）										
		0.1	0.2	0.5	0.7	1	1.5	2	2.5	3	4	5
666.7（一亩水面）	0.50	33.3	66.6	166.5	233.1	333	499.5	666	832.5	999	1332	1665
	0.55	36.6	73.2	183.0	256.2	366	549.0	732	915.0	1098	1464	1830
	0.60	40.0	78.0	200.0	280.0	400	600.0	800	1000.0	1200	1600	2000
	0.65	43.3	86.6	216.0	303.1	433	649.5	866	1082.5	1299	1732	2165
	0.70	46.6	93.2	233.0	326.2	466	699.0	932	1165.0	1398	1864	2330
	0.75	50.0	100.0	250.0	350.0	500	750.0	1000	1250.0	1500	2000	2500
	0.80	53.2	106.0	266.5	37301	533	799.5	1066	1332.5	1599	2132	2665
	0.85	56.6	13.2	283.0	396.2	566	849.5	1132	1415.0	1698	2264	2830
	0.90	60.0	120.0	300.0	420.0	600	900.0	1200	1500.0	1800	2400	3000
	0.95	63.3	126.6	316.5	443.1	633	949.5	1266	1582.0	1899	2532	3165
	1.00	66.6	133.2	333.0	466.2	666	999.0	1332	1665.0	198	2664	3330
	1.05	70.0	140.0	350.0	490.0	700	1050.0	1400	1750.0	2100	2800	3500
	1.10	73.3	146.6	366.6	513.1	733	1099.5	1466	18321.5	2199	2932	3665
	1.15	76.6	153.2	383.0	536.2	766	1149.5	1532	1915.0	2298	3064	3830
	1.20	80.0	160.0	400.0	560.0	800	1200.0	1600	2000.0	2400	3200	3900
	1.25	83.3	166.6	416.5	538.1	833	1249.5	1663	2082.0	2433	3332	4165
	1.30	86.6	173.2	433.0	606.2	866	1299.5	1732	2165.0	2598	3464	4330
	1.35	89.9	179.8	449.5	629.3	899	1348.5	1798	2247.5	2697	3596	4495
	1.40	93.3	186.6	466.5	653.1	932	1399.5					

续表

面积(m²)	平均水深(m)	药物浓度(g/m³)										
		0.1	0.2	0.5	0.7	1	1.5	2	2.5	3	4	5
666.7（一亩水面）	1.45	96.6	193.2	483.0	676.2	966	1449.0					
	1.50	99.9	19.8	499.5	699.3	999	1498.5					
	1.55	103.2	206.4	546.0	722.4	1032	1548	2046	2580	3096	4128	5160
	1.60	106.6	213.2	533.0	746.2	1066	1599	2132	2665	3198	4264	5330
	1.65	109.9	219.8	549.5	769.3	1099	1648.5	2198	2747.5	3297	4396	8495
	1.70	113.2	226.4	566.0	792.4	1132	1698	2264	2830	3396	4528	5660
	1.75	116.6	233.2	583.0	816.2	1166	1749	2332	2915	3498	4664	5830
	1.80	119.9	239.8	599.5	839.3	1199	1749.5	2398	2997.5	3597	4796	5995
	1.85	123.2	246.4	616.0	862.4	1232	1848					
	1.90	126.5	253.0	632.0	885.5	1265	1987.5					
	1.95	129.9	259.8	649.5	909.3	1299	1948.5					
	2.00	133.2	266.4	666.0	932.4	1332	1998					

附表8 中华人民共和国农业行业标准禁用药物清单

序号	药物名称	化学名称(组成)	别　名
1	地虫硫磷	O-2 基-S 苯基二硫代磷酸乙酯	大风雷
2	六六六 BHC (HCH)	1,2,3,4,5,6-六氯环乙烷	
3	林丹	γ-1,2,3,4,5,6-六氯环己烷	丙体六六六
4	毒杀芬	八氯莰烯	氯化莰烯
5	润润佛 DDY	2,2-双(对氯苯基)-1,1,1-三氯乙烷	
6	甘汞	二氯化汞	
7	硝酸亚汞	硝酸亚汞	
8	醋酸汞	醋酸汞	
9	呋喃丹	2,3-二氢-2,2-二甲基-7-苯并呋喃基-甲基氨基甲酸酯	克百威、大扶农
10	杀虫脒	N-(2-甲基-4-氯苯基)N′,N′-二甲基甲脒盐酸盐	克死螨
11	双甲脒	1,5-双(2,4-二甲基苯基)-3-甲基-1,3,5-三氮戊二烯-1,4	二甲苯胺脒

序号	药物名称	化学名称(组成)	别　名
12	氟氯氰菊酯	α-氰基-3-苯氧基-4-氟苄基(1R,3R)-3-(2,2-二氯乙烯基)-2,2-二甲基环丙烷羧酸酯	百树菊酯,百树得
13	氟氰戊菊酯	(R,S)-α-氰基-3-苯氧苄基(R,S)-2-(4-二氟甲氧基)-3-甲基丁酸酯	保好江乌,氟氰菊酯
14	五氯酚钠	五氯酚钠	
15	孔雀石绿	$C_{23}H_{25}CIN_2$	碱性绿、盐基块绿、孔雀绿
16	锥虫胂胺		
17	酒石酸锑钾	酒石酸锑钾	
18	磺胺噻唑	2-(对氨基苯磺酰胺)-噻唑	消治龙
19	磺胺脒	N_1-脒基磺胺	磺胺胍
20	呋喃西林	5-硝基呋喃醛缩氨基脲	呋喃新
21	呋喃唑酮	3-(5-硝基糠叉氨基)-2-噁唑烷酮	痢特灵
22	呋喃那斯	6-羟甲基-2-[-(5-硝基-2-呋喃基乙烯基)]吡啶	P-7138(实验名)
23	氯霉素(包括其盐、酯及制剂)	由委内瑞拉链霉素产生或合成法制成	
24	红霉素	属微生物合成,是 Streptomyces erythreus 产生的抗生素	
25	杆菌肽锌	由枯草杆菌 Bacillus subtilis 或 B. lecheniformis 产生的抗生素,为一含有噻唑环的多肽化合物	枯草菌肽
26	泰乐菌素	S. fradiae 所产生的抗生素	
27	环丙沙星	为合成第三代喹诺酮类抗菌药,常用盐酸盐水合物	环丙氟哌酸
28	阿伏帕星		阿伏霉素
29	喹乙醇	喹乙醇	喹酰胺醇羟乙喹氧
30	速达肥	5-苯硫基-2-苯并咪唑	苯硫哒唑氨甲基甲酯
31	己烯雌酚(包括雌二醇等其他类似合成的雌性激素)	人工合成的非甾体雌激素	乙烯雌酚,人造求偶素
32	甲基睾丸酮(包括内酸睾丸素、去氢甲睾酮以及同化物等雄性激素)	睾丸素 C_{17} 的甲基衍生物	甲睾酮,甲基睾酮

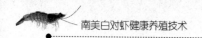

附表 9 pH 测定的温度校正值

T_m-t_w (℃)	pH											
	7.5	7.6	7.7	7.8	7.9	8.0	8.1	8.2	8.3	8.4	8.5	8.6
1	0.01	0.01	0.01	0.01	0.01	0.01	0.01	0.01	0.01	0.01	0.01	0.01
2	0.02	0.02	0.02	0.02	0.02	0.02	0.02	0.02	0.02	0.02	0.02	0.02
3	0.03	0.03	0.03	0.03	0.03	0.03	0.03	0.03	0.03	0.03	0.03	0.04
4	0.03	0.03	0.04	0.04	0.04	0.04	0.04	0.04	0.04	0.05	0.05	0.05
5	0.04	0.04	0.04	0.05	0.05	0.05	0.05	0.05	0.06	0.06	0.06	0.06
6	0.05	0.05	0.05	0.06	0.06	0.06	0.06	0.06	0.07	0.07	0.07	0.07
7	0.06	0.06	0.06	0.07	0.07	0.07	0.07	0.07	0.08	0.08	0.08	0.08
8	0.07	0.07	0.07	0.07	0.08	0.08	0.08	0.08	0.09	0.09	0.09	0.09
9	0.07	0.08	0.08	0.08	0.09	0.09	0.09	0.10	0.10	0.10	0.10	0.10
10	0.08	0.09	0.09	0.09	0.10	0.10	0.10	0.11	0.11	0.11	0.11	0.11
11	0.09	0.09	0.10	0.10	0.11	0.11	0.11	0.11	0.12	0.12	0.13	0.13
12	0.10	0.10	0.11	0.11	0.12	0.12	0.12	0.13	0.13	0.14	0.14	0.14
13	0.11	0.11	0.12	0.12	0.12	0.13	0.13	0.14	0.14	0.15	0.15	0.16
14	0.12	0.12	0.13	0.13	0.13	0.14	0.14	0.15	0.15	0.16	0.16	0.17
15	0.13	0.13	0.14	0.14	0.14	0.15	0.15	0.16	0.16	0.17	0.17	0.18
16	0.13	0.14	0.14	0.15	0.15	0.16	0.16	0.17	0.18	0.18	0.19	0.19
17	0.14	0.15	0.15	0.16	0.16	0.17	0.18	0.18	0.19	0.19	0.20	0.20
18	0.14	0.15	0.16	0.17	0.17	0.18	0.19	0.19	0.20	0.20	0.21	0.22
19	0.15	0.16	0.17	0.18	0.18	0.19	0.20	0.20	0.21	0.21	0.22	0.23
20	0.16	0.17	0.18	0.19	0.19	0.20	0.21	0.21	0.22	0.23	0.23	0.24
21	0.17	0.18	0.19	0.20	0.20	0.21	0.22	0.22	0.23	0.24	0.24	0.25
22	0.18	0.19	0.20	0.20	0.21	0.22	0.23	0.23	0.24	0.25	0.26	0.26
24	0.20	0.21	0.22	0.22	0.23	0.24	0.25	0.25	0.26	0.27	0.28	0.29
25	0.21	0.21	0.22	0.23	0.24	0.25	0.26	0.26	0.28	0.28	0.29	0.30

参 考 文 献

[1] Davis D A，Lawrence A L，Gatlin D M. Response of *Penaeus vannamei* to dietary calcius. Phosphorus and calcium phosphorus ratio 7. World Aquacult. Soc. 1993 (24)：504-515.

[2] Destourmieux D，Bulet P，Loew D，et al. A new family of antimicrobial peptides isolated from shrimp *Penaeus vannamei*（Decapoda）J. Biol. chem. 1997（272）：28398-28406.

[3] Zhao Z Y, Yin Z X, Weng S P, Guan H J, Li S D. Profiling of differentially expressed genes in hepatopancreas of white spot syndrome virus-resistant shrimp (*Litopenaeus vannamei*) by suppression subtractive hybridization. Fish & Shellfish Immunology. 2007 (22)：520-534.

[4] 蔡生力，黄健，王崇明. 1993～1994 年对虾暴发病的流行病学研究，水产学报，1995.

[5] 陈木，周农，林克冰. 斑节对虾防病养殖模式的研究. 中山大学学报（自然科学版），2000，39（增刊）：46-49.

[6] 陈文，李色东，何建国. 对虾养殖质量安全管理与实践. 北京：中国农业出版社，2006.

[7] 杜少波，胡超群，沈琪. 亲虾营养需求研究进展. 热带海洋学报，2002，21（4）：80-91.

[8] 何建国等. 对虾高位池养殖模式及其与病害控制的关系. 中国水产，1998（12）：30-31.

[9] 何建国，叶巧英，宋盛宪等. 1999 年上半年粤西地区虾病调查报告. 中山大学学报（自然科学版），2000，39（增刊）：20-25.

[10] 胡超群，刘瑞玉，谭智源，陈骁，曹登宫. 养殖对虾微型生物污着症的特征. 海洋与湖沼增刊，1995，26（5）：102-107.

[11] 胡超群，张吕平，任春华，沈琪. 集约化防病养殖技术及其在三种对虾养殖中的应用. 中国海洋湖沼学会等. 第三届全国海珍品养殖研讨会论文集，2001，45-51.

[12] 胡超群. 凡纳对虾良种选育对我国养虾业可持续发展的意义. 中国海洋生物技术产业研讨会暨成果交易会会议论文及成果汇编，2000，17-19.

[13] 胡超群. 过滤海水防病养虾系统与对虾良种选育工程. 21 世纪中国海洋开发战略，周镇宏，胡日章主编. 北京：海洋出版社，2001，292-302.

[14] 胡超群等. 凡纳对虾规模化全人工繁殖技术. 中国海洋生物技术产业研讨会暨成果交易会会议论文及成果汇编，2000，22.

[15] 黄美珍. 光合细菌在对虾养殖生产中应用研究. 福建水产，1996（1）：27-34.

[16] 江世贵，何建国，吕玲等. 白斑综合征病毒对斑节对虾亲虾的感染及垂直传播的初步研究. 中山大学学报（自然科学版），2000，39（增刊）：164-171.

[17] 李勤生，王业勤. 水产养殖与微生物. 武汉：武汉出版社，2000.

[18] 李色东等. 大规格优质成品对虾集约化养殖技术. 上海水产科技论坛，2004.

[19] 李色东等. 大规格优质成品对虾养殖技术. 国家 863 海洋高新技术论坛. 2006.

[20] 李色东等. 芽孢杆菌合生素在集约化对虾养殖的应用. 第四届华人虾类养殖研讨会，2003.

[21] 李卓佳，张庆，陈康德，杨莺莺，黄巧珠，杨铿. 应用微生物健康养殖斑节对虾研究. 中山大学学报（自然科学版），2000，39（增刊）：229-232.

[22] 刘瑞玉，曹登宫，胡超群. 对虾暴发性流行病及其防治研究的进展. 中国科学技术协会学会. 第二届全国人工养殖对虾疾病综合防治和环境管理学术研讨会论文集，青岛：青岛海洋大学出版社，1996，183-186.

[23] 刘瑞玉，钟振如. 南海对虾类. 北京：农业出版社，1985.

[24] 宋盛宪，何建国，翁少萍. 斑节对虾养殖. 北京：海洋出版社，1999.

[25] 宋盛宪，郑石轩等. 南美白对虾健康养殖. 北京：海洋出版社，2001.

[26] 宋盛宪，宗志伦. 斑节对虾高密度养殖的病害、环境、营养探讨. 浙江海洋学院学报（自然科学版），2001，20（增刊）：146-148.

[27] 宋盛宪. 对虾配合饲料营养在养殖对虾中的作用. 中山大学学报（自然科学版），2000，39（增刊）：46-49.

[28] 孙成波，何建国，陈锚. 凡纳对虾二级过塘养殖技术及其机理探讨. 虾类养殖研究. 北京：海洋出版社，2002：183-187.

[29] 陶保华，胡超群，任春华. 斑节对虾弧菌病的病理学研究. 热带海洋学报，2001，20（3）：71-76.

[30] 魏永中等. 南方多种对虾工厂化高产育苗研究. 中国水产科学研究院南海水产研究所深圳试验基地，1989：92-114.

[31] 杨丛海，黄健. 对虾无公害健康养殖技术. 北京：中国农业出版社，2003.